高职高专“十三五”规划教材

计算机办公应用实训教程

Win 7 + Office 2010

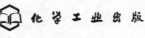

宋德强　孙　杨　李春华　主编

化学工业出版社
·北京·

本书是化学工业出版社出版的《计算机办公应用 Win 7＋Office 2010》配套上机实训教材，主要由实训项目与全国计算机等级考试一级计算机基础及 MS Office 模拟试题两部分组成。实训内容主要包括计算机基础知识、计算机操作系统 Win 7、计算机网络基础及应用、文字处理 Word 2010、表格处理 Excel 2010、演示文稿 PowerPoint 2010 六个模块，各实训模块均贴近日常办公应用，讲解通俗易懂，操作性强。附录模拟试题包含全国计算机等级考试一级计算机基础及 MS Office 中全新模拟理论知识题及操作试题，贴近计算机等级考试大纲要求。

本书作为高职高专院校计算机应用基础配套实训教材，完全针对计算机等级考试一级 MS 考试考生。

本书可供高职高专非计算机各专业作为普及计算机知识的通识课程教材使用，还可供对计算机感兴趣的社会各界人士阅读参考。

图书在版编目（CIP）数据

计算机办公应用实训教程：Win 7＋Office 2010/宋德强，孙杨，李春华主编. —北京：化学工业出版社，2019. 8（2024. 2重印）
高职高专“十三五”规划教材
ISBN 978-7-122-34462-5

Ⅰ. ①计… Ⅱ. ①宋…②孙…③李… Ⅲ. ①Windows 操作系统-高等职业教育-教材②办公自动化-应用软件-高等职业教育-教材 Ⅳ. ①TP316. 7②TP317. 1

中国版本图书馆 CIP 数据核字（2019）第 086910 号

责任编辑：满悦芝　　　　文字编辑：王　琪
责任校对：王鹏飞　　　　装帧设计：关　飞

出版发行：化学工业出版社（北京市东城区青年湖南街 13 号　邮政编码 100011）
印　　装：北京建宏印刷有限公司
787mm×1092mm　1/16　印张 10¾　字数 265 千字　　2024 年 2 月北京第 1 版第 7 次印刷

购书咨询：010-64518888　　售后服务：010-64518899
网　　址：http://www.cip.com.cn
凡购买本书，如有缺损质量问题，本社销售中心负责调换。

定　　价：35.00 元

前 言

本书作为《计算机办公应用 Win 7＋Office 2010》教材的配套实训教材，按照《全国计算机等级考试大纲》要求，结合编者多年教学和培训辅导的实践经验编写而成。

编写方式上引入案例教学和启发式项目教学方法，采用实际应用引出问题为背景来设计和组织内容，增强了教材的可读性和可操作性，激发了学生的学习兴趣。教材采用实训目的、实训内容、实训指导、模仿项目的编写模式，使知识点更容易理解掌握，力求循序渐进、学以致用；力图使学生能够真正掌握相关技术，培养学生技术应用中的创新精神和能力。本书由浅入深、图文并茂、语言浅显易懂、循序渐进地介绍了计算机的基本操作方法，以及计算机在办公和网络等方面的具体应用。

教材内容既充分考虑了全国计算机等级考试的要求，涵盖了考试知识点，使学生学完本教材后可以达到考试大纲要求，又考虑实际应用需要将知识作了拓展，以适应不同层次学生的不同需求。全书按计算机基础应用及办公软件应用划分为两个行动领域，主要内容如下。

行动领域 1——计算机应用

模块 1　计算机基础知识：介绍计算机基本知识，计算机系统常用设备，微型计算机组装方法。

模块 2　计算机操作系统 Win 7：介绍操作系统的安装与维护方法，Win 7 的文件与文件夹的管理。

模块 3　计算机网络基础及应用：介绍 IE 浏览器的使用，电子邮件的使用。

行动领域 2——Office 办公应用

模块 4　文字处理 Word 2010：介绍 Word 2010 的基本使用方法，包括文档的编辑与格式化、Word 2010 的表格制作、文档的图文混排。

模块 5　表格处理 Excel 2010：介绍 Excel 2010 的基本使用方法，包括数据的输入与编辑、公式和函数的使用、数据统计图表的绘制、数据管理和分析等。

模块 6　演示文稿 PowerPoint 2010：介绍基本的使用方法，包括演示文稿的创建与编辑、动画的设置及放映方式等设置。

附录　全国计算机等级考试一级计算机基础及 MS Office 模拟试题，答案及解析。

教材模块 1、5 由宋德强编写，模块 2、4 由孙杨编写，模块 3、6 由李春华编写，附录由李静编写，直敏参与收集编写素材与整理，杨希参与教材的校验。教材编写过程中得到了计算机专业其他教师和学院相关部门领导的大力支持和帮助，在此表示感谢。由于编者水平有限，书中难免有不当之处，敬请指正。

编　者

2019 年 6 月

目 录

行动领域 1

计算机应用

模块1

计算机基础知识

计算机是人们的学习工具和生活工具。借助家用计算机、个人计算机、计算机网络、数据库系统和各种终端设备，人们可以学习各种课程，获取各种信息和知识，处理各种生活事务（如订票、购物、存取款等），甚至可以居家办公。越来越多的人，在工作、学习和生活中将与计算机发生直接的或间接的联系。计算机在各行各业中的广泛应用，常常产生显著的经济效益和社会效益，从而引起产业结构、产品结构、经营管理和服务方式等方面的重大变革。在产业结构中已出现了计算机制造业和计算机服务业以及知识产业等新的行业。

实训项目一　文字录入与进制转换

实训目的

1. 掌握键盘各键区功能，熟悉中英文输入法下各种标点符号的录入；
2. 学会正确的打字指法以及养成良好的打字习惯；
3. 学会使用工具进行进制转换。

实训内容

实训项目一　任务单

实训标题	文字录入与进制转换			任课教师	
班级		学号		姓名	
学习情境	快速准确地录入文字				
课前预习	数制的概念，常见的数制有哪些？				
课堂学习	1. 了解实验室上课规程和要求。 2. 讨论：键盘各键区的功能；以你熟悉的一种输入法为例(如搜狗输入法)，讨论能够提高打字速度和准确度的技巧。 3. 练习：键盘指法和规则，打字坐姿。 4. 打字测试：限定时间10分钟，使用打字软件测试个人打字速度与准确度。 5. 掌握并写出十进制数和二进制数的互相转换规则。 6. 计算：$(100)_D=(\quad)_B$　　$(1100100)_B=(\quad)_D$ 7. 完成实训项目一				
单元掌握情况	□90%以上　□80%～90%　□60%～80%　□40%～60%　□低于40%				
课后任务（含下单元预习内容）	了解计算机的产生、发展、特点和作用				
单元学习内容总结					

实训指导 ▶▶▶

【知识链接】

一、键盘键区

电脑键盘是把文字信息的控制信息输入电脑的通道，是从英文打字机键盘演变而来的，当它最早出现在电脑上的时候，是以一种叫作“电传打字机”的部件的形式出现的。

常用计算机键盘有104键盘（机械式）和107键盘（电容式），包括数字、字母、常用符号和功能键等。键盘分区包含主键盘区、编辑键区（光标控制键区）、辅助键区（数字键区）、功能键区。键盘键区如图1-1所示。

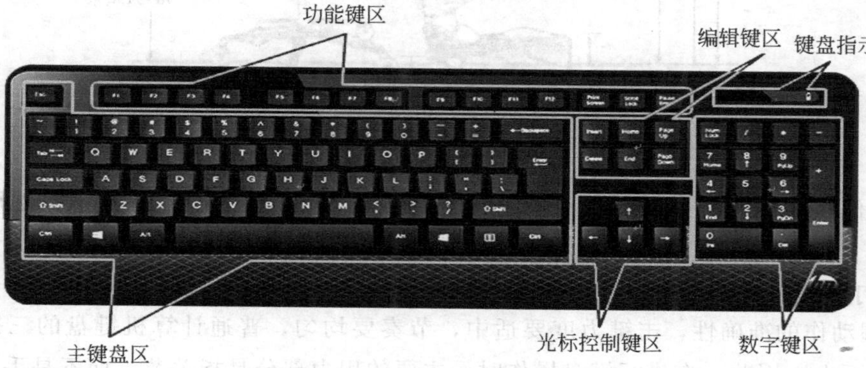

图1-1　键盘键区

二、键盘指法规则

打字快慢是计算机操作效率中的一个至关重要的因素，因此学习计算机操作就一定要掌握正确的打字指法和养成良好的打字习惯。

操作者应坐姿标准，身体坐得稍微正直点，做到身体自然放松。打字是一件很轻松、很自然的事情，操作者应尽量想办法放松、再放松，注意自我调整双手和键盘之间的距离，以自我觉得舒适为准。

操作者操作时坐姿应正确舒适，电脑屏幕中心位置安装在与操作者胸部同一水平线上。操作者应腰背挺直，身体微向前倾。眼睛与屏幕的距离应在38～76厘米，显示器屏幕位置应在视线以下15～20°。小臂与手腕略向上倾斜，手腕不要拱起，从手腕到指尖形成一个弧形，手指指端的第一关节要同键盘垂直。手腕与键盘下边框保持一定的距离（1厘米左右）。打字坐姿如图1-2所示。

在键盘中，第三排键中的A、S、D、F和J、K、L、;这8个键称为基本键（也叫基准键）。基本键是十个手指常驻的位置，其他键都是根据基本键的键位来定位的。在打字过程中，每只手指只能打指法图上规定的键，不要击打规定以外的键，不正规的手指分工对后期速度提升会造成很大的障碍。空格键由两个大拇指负责，左手打完字符键后需要击空格时用右手拇指打空格，右手打完字符键后需要击空格时用左手拇指打空格。Shift键是用来进行

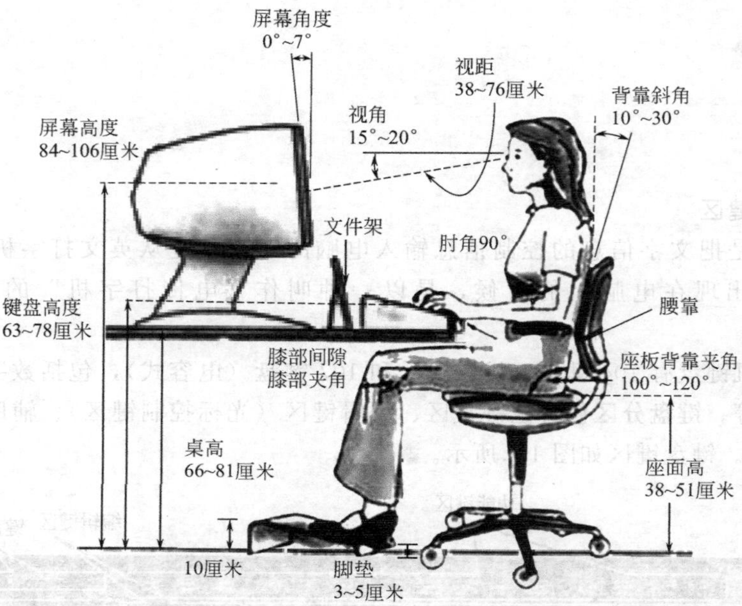

图 1-2　打字坐姿

大小写及其他多字符键转换的，左手的字符键用右手按 Shift 键，右手的字符键用左手按 Shift 键。

（一）打字指法练习技巧

① 掌握动作的准确性，击键力度要适中，节奏要均匀，普通计算机键盘的三排字母键处于同一平面上，因此，在进行键盘操作时，主要的用力部分是指关节，而不是手腕，这是初学时的基本要求。待练习到较为熟练后，随着手指敏感度加强，再扩展到与手腕相结合。以指尖垂直向键盘使用冲力，要在瞬间发力，并立即反弹。切不可用手指去压键，以免影响击键速度，而且压键会造成同时输入多个相同字符。这也是学习打字的关键，必须花时间去体会和掌握。在打空格键时也是一样要注意瞬间发力，立即反弹。

② 各手指必须严格遵守手指指法的规定，分工明确，各守岗位。任何不按指法要求的操做都会造成指法混乱，严重影响打字速度的提高和正确率的提高。

③ 一开始就要严格要求自己，否则一旦养成错误指法的习惯，以后再想纠正就很困难了。开始训练时可能会有一些手指不好控制，有点别扭，比如无名指、小指，只要坚持几天，就慢慢习惯了，后面就可以得到比较好的效果。

④ 每一手指上下两排的击键任务完成后，一定要习惯地回到基本键的位置。这样，再击其他键时，平均移动的距离比较短，因而有利于提高击键速度。

⑤ 手指寻找键位，必须依靠手指和手腕的灵活运动，不能靠整个手臂的运动来找。

⑥ 击键不要过重，过重不光对键盘寿命有影响，而且易疲劳。另外，幅度较大的击键与恢复都需要较长时间，也影响输入速度。当然，击键也不能太轻，太轻了会导致击键不到位，反而会使差错率升高。

（二）打字指法键位

准备打字时，除拇指外其余的八个手指分别放在基本键上，拇指放在空格键上，十指分工，包键到指，分工明确。每个手指除了指定的基本键外，还分工其他的字键，称为它的范围键。指法键位如图 1-3 所示。

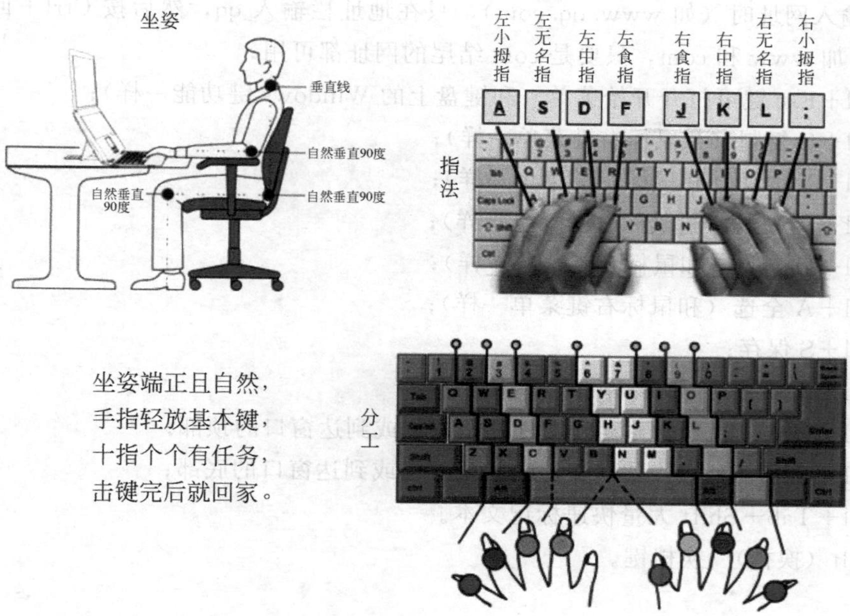

图 1-3　指法键位

三、键盘上常用键的使用方法

(1) Esc（退出）　进入退出键。

功能：快速进入或快速退出程序。

(2) Tab（制表）　跳格键。

功能：在编辑文本时按一次跳 8 个字符，相当于按八个空格，在填表格时，按一次，即可跳到下一格。

(3) Caps Lock（大写锁定）　大小写转换键。

功能：在编辑文本时，按一次可切换到大写，再按可返回。

(4) Shift（上档）　上档键。

功能：

① 在编辑文本时，按住不放，可输入大写字母；

② 需要输入标点符号时，按住，另一只手再按键盘上对应的符号，即可输入；

③ Shift＋键盘的方向键，可选定文本；

④ 在删除文件时，按住 Shift 键，可不移到回收站，直接删除（要小心，这种方法删文件，删了以后，不用工具软件的话是找不回来的）；

⑤ 在选定文件时，按住 Shift 键，可连续选择多个文件；

⑥ Shift＋Ctrl 可切换输入法（键盘左边和键盘右边的有何不同呢？左边的是从上到下，而右边的是从下到上）；

⑦ Shift＋F10 相当于鼠标右键。

(5) Ctrl（控制）　控制键。

功能：

① 在编辑文本时，按住 Ctrl＋空格键，可快速切换中英文输入法；

② 在选定文件时，按住 Ctrl 键，可逐个选择文件，选完后，放开即可对文件操作；

③ 在输入网址时（如 www. qq. com），只在地址栏输入 qq，然后按 Ctrl＋回车键，这时就会自动加 www 和 com，只要是 com 结尾的网址都可用；

④ Ctrl＋Esc 键可打开开始菜单（和键盘上的 Windows 键功能一样）；

⑤ Ctrl＋C 复制（和鼠标右键菜单一样）；

⑥ Ctrl＋X 剪切（和鼠标右键菜单一样）；

⑦ Ctrl＋V 粘贴（和鼠标右键菜单一样）；

⑧ Ctrl＋D 删除（和鼠标右键菜单一样）；

⑨ Ctrl＋A 全选（和鼠标右键菜单一样）；

⑩ Ctrl＋S 保存；

⑪ Ctrl＋Z 撤消上一次操作；

⑫ Ctrl＋Home 将光标移动到文件开始部位或到达窗口的顶部；

⑬ Ctrl＋End 将光标移动到文件的结束部位或到达窗口的底部；

⑭ Ctrl＋Tab＋Shift 大量快速标记文本。

（6）Alt（换档） 换档键。

功能：

① Alt＋F4 可关闭当前窗口（有时浏览网页时，突然弹出一个全屏广告，鼠标关闭不了，可以用组合键关闭）；

② 按住 Alt 键，鼠标双击某个程序，即可打开该程序属性对话框（和鼠标菜单法一样，比如网吧禁了右键的话，可以用这种方法）；

③ Ctrl＋Alt＋Delete 可调出任务管理器；

④ Alt＋Tab 可快速切换窗口；

⑤ Alt＋Esc 可快速切换窗口（与上面不同的是，逐个切换，不可选择）。

（7）Windows 键（在换档键 Alt 的旁边） 打开 Windows 的开始菜单。

功能：

① 按一次，显示开始菜单，再按缩回；

② Windows＋PauseBreak 显示该操作系统的属性；

③ Windows＋E 打开“我的电脑”；

④ Windows＋F 运行“搜索”；

⑤ Windows＋R 打开“运行”窗口；

⑥ Windows＋F1 打开“帮助”；

⑦ Windows＋L 锁定计算机（这个很常用）；

⑧ Windows＋M（或＋D）快速最小化全部窗口。

（8）空格键 即输入不可见字符。

功能：

① 输入空格，即输入空字符；

② 在浏览网页时，按下空格键时滚动条会下滚（相当于鼠标中键）。

（9）Backspace 退格键。

功能：退格键删除光标左边的字符。

（10）Delete　删除键。

功能：删除的是光标右边的字符或删除选定的文件/文件夹。

（11）Power　电源键。

功能：关闭计算机。

（12）功能键　F1～F12。

① F1：如果用户处在一个选定的程序中而需要帮助，那么可以按下F1键。如果不是处在任何程序中，而是处在资源管理器或桌面界面，那么按下F1就会出现Windows的帮助程序。如果用户正在对某个程序进行操作，而想得到Windows帮助，则需要按下Windows＋F1键。

② F2：如果在资源管理器中选定了一个文件或文件夹，按下F2键则可以对这个选定的文件或文件夹重命名。

③ F3：在资源管理器或桌面上按下F3键，则会出现“搜索文件”的窗口，因此如果想对某个文件夹中的文件进行搜索，那么直接按下F3键就能快速打开搜索窗口，并且搜索范围已经默认设置为该文件夹。同样，在Windows Media Player中按下它，会出现“通过搜索计算机添加到媒体库”的窗口。

④ F4：这个键可以打开IE中的地址栏列表，要关闭IE窗口，可以用Alt＋F4组合键。

⑤ F5：用来刷新IE或资源管理器中当前所在窗口的内容。

⑥ F6：可以快速在资源管理器及IE中定位到地址栏。

⑦ F7：在Windows中没有任何作用。不过在DOS窗口中，显示最近使用过的一些DOS命令，也就是说，用户在命令行下输入一些命令过后，系统会自动记录。

⑧ F8：在启动电脑时，可以用它来显示启动菜单。有些电脑还可以在电脑启动最初按下这个键来快速调出启动设置菜单，从中可以快速选择是软盘启动还是光盘启动，或者直接用硬盘启动，不必费事进入BIOS进行启动顺序的修改。另外，还可以在安装Windows时接受微软的安装协议。

⑨ F9：在Windows中同样没有任何作用，但在Windows Media Player中可以用来快速降低音量，在Office办公软件中可以用来更新域操作。

⑩ F10：用来激活Windows或程序中的菜单，按下Shift＋F10会出现右键快捷菜单。和键盘中Application键的作用是相同的。而在Windows Media Player中，它的功能是提高音量。

⑪ F11：可以使当前的资源管理器或IE变为全屏显示。

⑫ F12：在Windows中同样没有任何作用。但在Word中，按下它会快速弹出“另存为”对话框。

（13）End（结束）　结尾键。

功能：显示当前窗口的底端。

（14）Home（起始）　起始键。

功能：显示当前窗口的顶端。

四、进制转换

1. 二进制数的运算

电子计算机一般采用二进制数。二进制数只有0和1两个基本数字，容易在电气元件中实现。

二进制数的运算公式：

$0+0=0$　$0\times0=0$

$0+1=1$　$0\times1=0$

$1+0=1$　$1\times0=0$

$1+1=10$　$1\times1=1$

2. 十进制和二进制间的转换

（1）十进制数转换成二进制　将十进制整数转换成二进制整数时，只要将它一次一次地被2除，得到的余数从最后一个余数读起就是二进制表示的数。

（2）二进制数转换成十进制数　将一个二进制数的整数转换成十进制数，只要将其按权展开。

【例】 将二进制数（11011）转换成十进制数。

$11011=1\times2^4+1\times2^3+0\times2^2+1\times2^1+1\times2^0=27$

3. 不同进制数的转换

二进制数和八进制数互换：二进制数转换成八进制数时，只要从小数点位置开始，向左或向右每三位二进制数划分为一组（不足三位时可补0），然后写出每一组二进制数所对应的八进制数即可。

【例】 将二进制数（10110001.111）转换成八进制数。

010 110 001. 111

2 6 1 7

即二进制数（10110001.111）转换成八进制数是（261.7）。反过来，将每位八进制数分别用三位二进制数表示，就可完成八进制数和二进制数的转换。

二进制数和十六进制数互换：二进制数转换成十六进制数时，只要从小数点位置开始，向左或向右每四位二进制数划分为一组（不足四位时可补0），然后写出每一组二进制数所对应的十六进制数即可。

【例】 将二进制数（11011100110.1101）转换成十六进制数。

0110 1110 0110. 1101

6 E 6 D

即二进制数（11011100110.1101）转换成十六进制数是（6E6.D）。反过来，将每位十六进制数分别用三位二进制数表示，就可完成十六进制数和二进制数的转换。

八进制数、十六进制数和十进制数的转换：这三者转换时，可把二进制数作为媒介，先把待转换的数转换成二进制数，然后将二进制数转换成要求转换的数制形式。在进制表示中，用字母B表示二进制数，用字母D表示十进制数，用字母O表示八进制数，用字母H表示十六进制数。

【实训要求】

① 打开金山打字通软件，做指法练习、英文输入练习及中文输入练习。

② 打开金山打字练习（网络版）软件，进行文字录入测试。

③ 打开 Windows 系统附件中“计算器”，对如下 4 种进制数据进行二、八、十、十六进制之间的相互转换，即从二进制至八、十、十六进制的转换，从八进制至二、十、十六进制的转换，从十进制至二、八、十六进制的转换，从十六进制至二、八、十进制的转换。

$(011110011)_B$　$(2015)_D$　$(75331)_O$　$(21AF)_H$

【操作指导】

一、金山打字通软件练习

从计算机桌面启动金山打字通快捷方式，打开金山打字通软件，界面如图 1-4 所示。

图 1-4　金山打字通

① 通过“新手入门”按钮，在弹出界面窗口中选择功能按钮进行字母、数字、符号等键位的练习。

② 通过“英文打字”按钮，在弹出界面窗口中选择功能按钮进行英文单词、英文语句及英文文章的练习。

③ 通过“拼音打字”或“五笔打字”按钮，在弹出相应的界面窗口中选择功能按钮进行拼音输入法和五笔输入法下的中文录入练习。

选择“拼音打字”按钮，弹出如图 1-5 所示界面窗口，单击“文章练习”按钮，弹出如图 1-6 所示界面窗口，在窗口中首先选择课程文章，然后进行打字练习，通过文字的录入过程，能够在窗口下方浏览到打字的速度、正确率等信息。

二、打字练习（网络版）

打字练习客户端是为教师在授课过程中掌握学生文字录入速度和准确率而开设的练习

图 1-5　中文练习

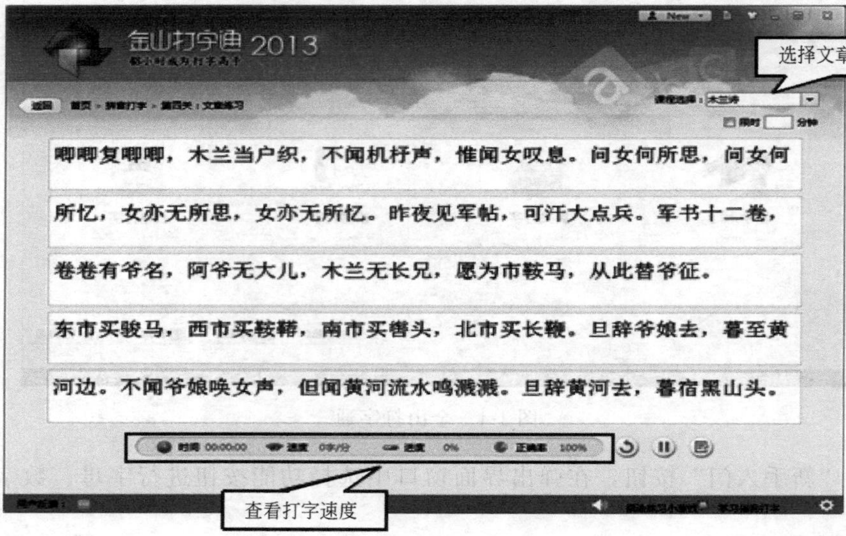

图 1-6　文章选择

内容。

① 在教师安排下打开打字练习客户端（网络版），并输入自己的姓名，如图 1-7 所示。

② 开始录入文字，如图 1-8 所示，待文字录入结束后，成绩会显示出来。

三、进制转换

从“开始”菜单“附件”中启动“计算器”，在“计算器”对话框中“查看”菜单中选择“程序员”选项，如图 1-9 所示，打开如图 1-10 所示能进行进制转换功能的界面窗口。

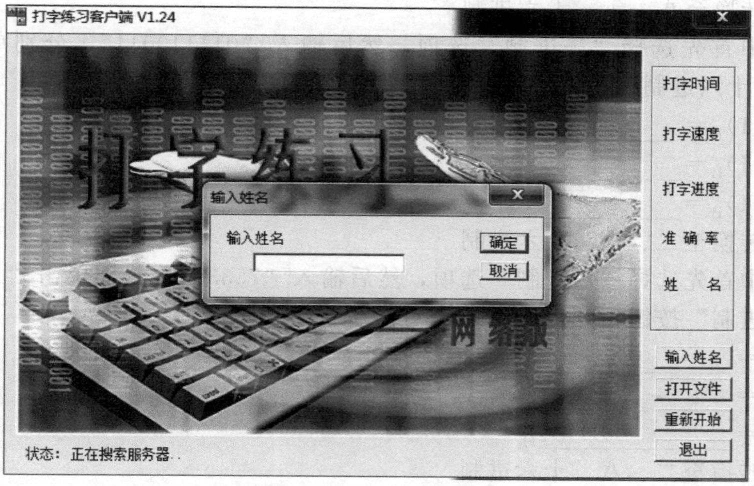

图 1-7 打字练习客户端

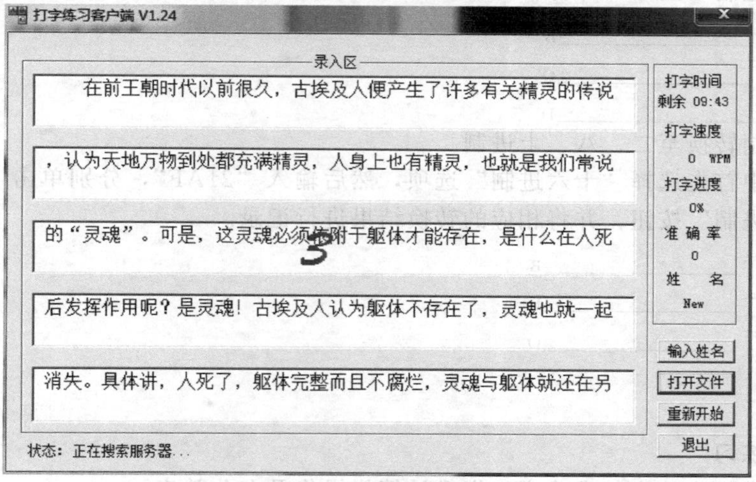

图 1-8 文字录入窗口界面

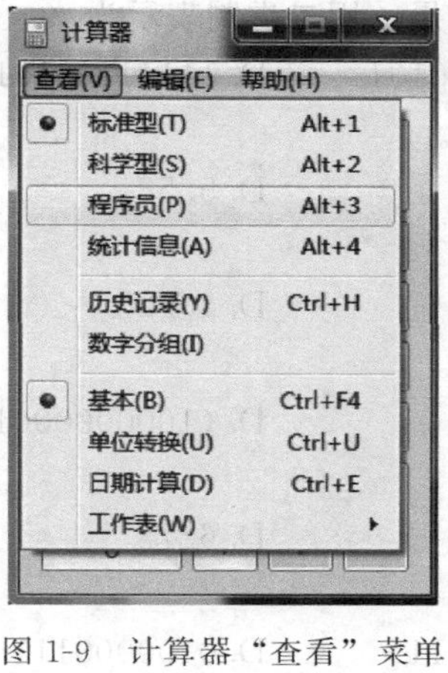

图 1-9 计算器“查看”菜单

图 1-10 “程序员”状态计算器

1. 二进制转换至八、十、十六进制

在计算器中首先选择“二进制”选项，然后输入“011110011”，分别单击“八进制”“十进制”及“十六进制”按钮，并将相应的转换结果进行记录。

$(011110011)_B=$____________$_D$

$(011110011)_B=$____________$_O$

$(011110011)_B=$____________$_H$

2. 八进制转换至二、十、十六进制

在计算器中首先选择“八进制”选项，然后输入“75331”，分别单击“二进制”“十进制”及“十六进制”按钮，并将相应的转换结果进行记录。

$(75331)_O=$____________$_B$

$(75331)_O=$____________$_D$

$(75331)_O=$____________$_H$

3. 十进制转换至二、八、十六进制

在计算器中首先选择“十进制”选项，然后输入“2015”，分别单击“二进制”“八进制”及“十六进制”按钮，并将相应的转换结果进行记录。

$(2015)_D=$____________$_B$

$(2015)_D=$____________$_O$

$(2015)_D=$____________$_H$

4. 十六进制转换至二、八、十进制

在计算器中首先选择“十六进制”选项，然后输入“21AF”，分别单击“二进制”“八进制”及“十进制”按钮，并将相应的转换结果进行记录。

$(21AF)_H=$____________$_B$

$(21AF)_H=$____________$_D$

$(21AF)_H=$____________$_O$

【模仿项目】

一、打字练习

进一步提升打字速度与准确率，提升计算机操作及办公效率。

二、进制转换

1. 十进制算术表达式 $3\times512+7\times64+4\times8+5$ 的运算结果，用二进制表示为（　　）。

A. 10111100101　　B. 11111100101　　C. 11110100101　　D. 11111101101

2. 与二进制数 101.01011 等值的十六进制数为（　　）。

A. B　　B. 5.51　　C. A.51　　D. 5.58

3. 十进制数 2004 等值于八进制数为（　　）。

A. 3077　　B. 3724　　C. 2766　　D. 4002

4. $(2004)_D+(32)_H$ 的结果是（　　）。

A. $(2036)_D$　　B. $(2054)_H$　　C. $(4006)_D$　　D. $(100000000110)_B$

5. 十进制数 2006 等值于十六制数为（　　）。

A. 7D6　　B. 6D7　　C. 3726　　D. 6273

6. 十进制数 2003 等值于二进制数为（　　）。

A. 11111010011　　B. 10000011　　C. 110000111　　D. 0100000111

7. 八进制的 100 化为十进制为________，十六进制的 100 化为十进制为________。

A：① 80　　② 72　　③ 64　　④ 56

B：① 160　　② 180　　③ 230　　④ 256

8. 十进制数 1000 对应二进制数为________，对应十六进制数为________。

A：① 1111101010　　② 1111101000　　③ 1111101100　　④ 1111101110

B：① 3C8　　② 3D8　　③ 3E8　　④ 3F8

9. 十进制小数 0.96875 对应的二进制数为________，对应的十六进制数为________。

A：① 0.11111　　② 0.111101　　③ 0.111111　　④ 0.1111111

B：① 0.FC　　② 0.F8　　③ 0.F2　　④ 0.F1

10. 多项式 212+28+21+20 表示为十六进制为________，表示为十进制为________。

A：① 163+162+16-1　　② 163+162+3/1　　③ 163+162+16　　④ 163+162+3

B：① 4353　　② 4354　　③ 4355　　④ 4356

实训项目二　计算机系统的组成与计算机组装

实训目的

1. 了解计算机系统的组成；
2. 了解计算机硬件的组装。

实训内容

实训项目二　任务单

实训标题	计算机系统的组成与计算机组装			任课教师	
班级		学号		姓名	
学习情境	为自己购买一台台式计算机				
课前预习	计算机的产生、发展、特点和作用				
课堂学习	1. 问答：计算机的产生时间？发展的阶段？有什么特点？功能有哪些？ 2. 计算机系统的组成： 计算机 { ________系统 { CPU { ________器、________器、寄存器 }；存储器 { ________、________ }；________(I/O) }；________系统 { ________软件、________软件 } } 3. 完成实训项目二				
单元掌握情况	□90%以上　□80%～90%　□60%～80%　□40%～60%　□低于 40%				
课后任务 （含下单元预习内容）	填写购买电脑配置单，用于个人学习，价格在 4000～4500 元				
单元学习 内容总结					

实训指导 ▶▶▶

【知识链接】

一个完整的计算机系统通常由硬件系统和软件系统两大部分组成。其中，硬件系统是指实际的物理设备，主要包括控制器、运算器、存储器、输入设备和输出设备五大部分以及主板和总线等其他部分；软件系统是指计算机中各种程序和数据，包括计算机本身运行时所需要的系统软件和用户设计的、完成各种具体任务的应用软件。

控制器和运算器又合称中央处理器（CPU），在微型计算机中又称微处理器。随着大规模、超大规模集成电路技术的发展，计算机硬件系统中将控制器和运算器集成在一块微处理器芯片上，通常称为 CPU 芯片，随着芯片的发展，在其内部又增添了高速缓冲寄存器，以更好发挥 CPU 芯片的高速度和提高对多媒体的处理能力。

因此，微型计算机硬件系统主要由微处理器、存储器、输入设备、输出设备、主板和连接各个部件以实现数据传送的总线组成。

1. 微处理器

微处理器是微型计算机硬件系统的核心，它主要包括控制器、运算器和寄存器等部件。一台微型计算机速度的快慢，微处理器的配置起着决定的作用。

2. 存储器

存储器是专门用来存放程序和数据的部件。按其功能和所处位置的不同，存储器又分为内存储器和外存储器两大类。

3. 输入设备

输入设备是人们向计算机输入程序和数据的一类设备。目前，常见的微型计算机输入设备有键盘、鼠标、光笔、扫描仪、数码照相机、语音输入装置等。其中，键盘和鼠标是两种最基本的、使用最广泛的输入设备。

4. 输出设备

输出设备是计算机向人们输出结果的一类设备。目前，常见的微型计算机输出设备有显示器、打印机、绘图仪等。其中，显示器和打印机是最基本的、使用最广泛的输出设备。

5. 主板和总线

每台微型计算机的主机箱内部都有一块较大的电路板，称为主板。微型计算机的处理器芯片、内存储器芯片（又称内存）、硬盘、输入/输出接口以及其他各种电子元器件都是安装在这个主板上的。总线是计算机各种功能部件之间传送信息的公共通信干线，它是由导线组成的传输线束，是一种内部结构。

【实训要求】

1. 为自己购买一台台式计算机做一份电脑配置单

① 要求计算机的性能能够适合企业办公使用。

② 配置单中所需硬件总计花费在 4000～4500 元之间。

2. 绘制计算机系统组成结构图

① 在图中描述出计算机系统组成部件。

② 在图中描述出计算机系统工作流程。

【操作指导】

一、为自己购买一台台式计算机填写电脑配置单

台式计算机电脑配置单如图 1-11 所示。

产品名称	型号规格	单价
CPU		
主板		
内存		
硬盘		
光驱		
显卡		
机箱电源		
CPU 风扇		
键盘/鼠标		
显示器		
音箱		
其他		

图 1-11　台式计算机电脑配置单

二、在下面绘制计算机系统的组成结构图

【模仿项目】

为自己将要购买的笔记本电脑填写一份电脑配置单。

笔记本电脑配置单如图 1-12 所示。

品牌一		
产品名称	规格	单价
CPU		
内存		
硬盘		
光驱		
显卡		
显示器		
其他		

品牌二		
产品名称	规格	单价
CPU		
内存		
硬盘		
光驱		
显卡		
显示器		
其他		

图 1-12　笔记本电脑配置单

模块2

计算机操作系统Win 7

实训项目三　Win 7系统的维护与管理

实训目的

1. 熟悉桌面的背景、屏保、显示等属性的设置；
2. 熟悉任务栏、开始菜单的设置；
3. 掌握利用控制面板进行显示属性、鼠标、日期、字体等系统设置。

实训内容

实训项目三　任务单

实训标题	Win 7 系统的维护与管理			任课教师	
班级		学号		姓名	
学习情境	Win 7 系统环境下对计算机的基本维护和个性设置				
课前预习	操作系统的种类和功能				
课堂学习	1. 问答：你所了解的操作系统有哪些种类和版本？有什么作用？ 2. 问答和演示：Win 7 系统环境下，你会做哪些常用的设置？桌面、任务栏、控制面板等，学生操作演示。 3. 讨论和演示：为计算机连接一台打印机。 4. 完成实训项目三				
单元掌握情况	□90%以上　□80%～90%　□60%～80%　□40%～60%　□低于 40%				
课后任务（含下单元预习内容）	对个人计算机进行个性化设置，了解文件和文件夹的命名规则				
单元学习内容总结					

实训指导

【知识链接】

（1）桌面　桌面是指打开计算机并成功登录系统之后看到的显示器主屏幕区域。桌面的定义广泛，它包括任务栏和 Windows 边栏及“开始”按钮。桌面上存文件一般存放在 C

盘，用户名下的“桌面”文件夹内。它是 Windows 7（简称 Win 7）系统进行各种操作的地方，为满足用户的不同需要，系统允许用户进行个性化设置。如果用户想使自己的电脑桌面别具风格，可以在桌面上放置一幅美丽的图片；如果用户的视力不佳，可以使屏幕上显示的文字和图标大一些；如果用户注重保护延长屏幕的使用寿命，还可以选择合适的屏幕保护程序。桌面上可放桌面图标、快捷方式、文件夹等，桌面图标不同于快捷方式，快捷方式都有一个小箭头，桌面图标是没有的，网络、回收站不属于快捷方式。

（2）任务栏　任务栏位于屏幕的底部，显示程序，并可以在它们之间进行切换。任务栏包括“开始”按钮区、快速启动工具栏区、任务按钮区及状态栏等。使用“开始”按钮可以访问程序、文件夹和计算机设置。通过任务栏可以快速切换当前窗口，查看机器状态等。任务栏一般放在屏幕的下面。

（3）控制面板　控制面板是 Windows 图形用户界面的一部分，可通过“开始”菜单访问。它允许用户查看并操作基本的系统设置。它是系统提供给用户用于更新和维护系统的主要工具。进行系统设置时应首选使用控制面板中的相应程序进行操作。控制面板提供配置个人电脑的辅助功能，如添加硬件、卸载程序、添加或删除程序、删除字体、安装新字体、显示属性、设置账户、日期和时间等。控制面板的打开方式，单击“开始”就能找到。解除禁用控制面板的方法是“开始”→“运行”中键入“gpedit. msc”，打开“组策略”，依次展开“用户配置”→“管理模板”→“控制面板”→右边找到“禁止访问控制面板”→双击“禁止访问控制面板”，在弹出窗口中勾选“未配置”，点击“应用”按钮，确定退出即可。

【实训要求】

① 在桌面上删除回收站图标，并把它重新添加到桌面；在桌面上添加“记事本”程序的快捷方式图标。

② 对桌面进行相应的设置，要求如下：

a. 更改桌面背景。

b. 设置一个三维文字的屏幕保护。

屏幕保护的显示文字为“我需要休息了，亲!”，当连续 10 分钟不使用计算机，系统启动屏幕保护程序。

c. 设置显示器的分辨率。

使桌面上的文字显示得更大一些，再把显示器的分辨率设置成 1280×1024。

③ 查看系统属性，要求了解其 CPU 和内存情况。

④ 查看任务栏和“开始”菜单进行设置的窗口，并使“控制面板”不在“开始”菜单中显示。

⑤ 卸载旧打印机，同时安装一台新打印机。

⑥ 添加/删除输入法。

⑦ 设置鼠标为左手习惯。

⑧ 设置一个自己名字命名的用户账户，并对账户的密码和图片进行相应设置。

⑨ 增加一个新字体。

【操作指导】

一、Win 7 桌面图标和快捷方式图标

删除/添加桌面图标：在桌面上删除回收站图标，并把它重新添加到桌面。选择“开始”→

选择“控制面板”→选择“个性化”→左边有三个选项，点“更改桌面图标”→点“回收站”，已经打了一个小“√”号，删掉。同样方式把“回收站”添加进来。

添加快捷方式新图标：在桌面上添加“记事本”程序的快捷方式图标。

方法一：选择“开始”→“所有程序”→“附件”→“记事本”，然后直接用鼠标将“记事本”拖到桌面上；

方法二：鼠标右击“记事本”，在快捷菜单中选择“发送到”→“桌面快捷方式”，即在桌面上建立了“记事本”程序的快捷方式图标。

图标的排列：桌面上图标的排列方法有两种，即手动排列和自动排列。右击桌面的空白处出现桌面属性快捷菜单，如图 2-1 所示。在“排列图标”子菜单中选择所需的排列方式，即可使桌面图标按选项规则排列。

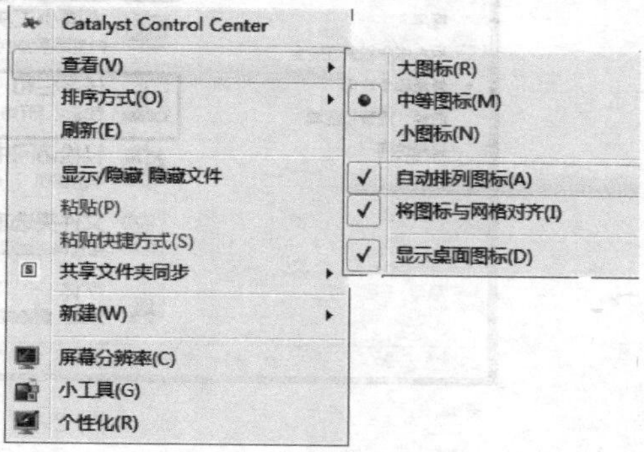

图 2-1 桌面属性快捷菜单

二、对桌面进行相应的设置

更改桌面背景，设置屏幕保护，屏幕保护的要求是设定连续 10 分钟不使用计算机，系统启动屏幕保护程序，屏幕启动保护时快速显示文字为“我需要休息了，亲!”，并使桌面上的文字显示得更大一些，再把显示器的分辨率设置成1280×1024。

① 在桌面的空白位置右击鼠标，弹出如图 2-1 所示的快捷菜单，再单击快捷菜单中的“个性化”命令。

② 系统弹出“个性化”窗口，如图 2-2 所示。在窗口地址栏单击“外观和个性化”，返回到“外观和个性化”窗口，如图 2-3 所示，在“个性化”选项下方的各功能按钮，可以进行“桌面背景”“屏幕保护程序”的设置，“显示”选项下方的功能按钮可以进行分辨率的设置。

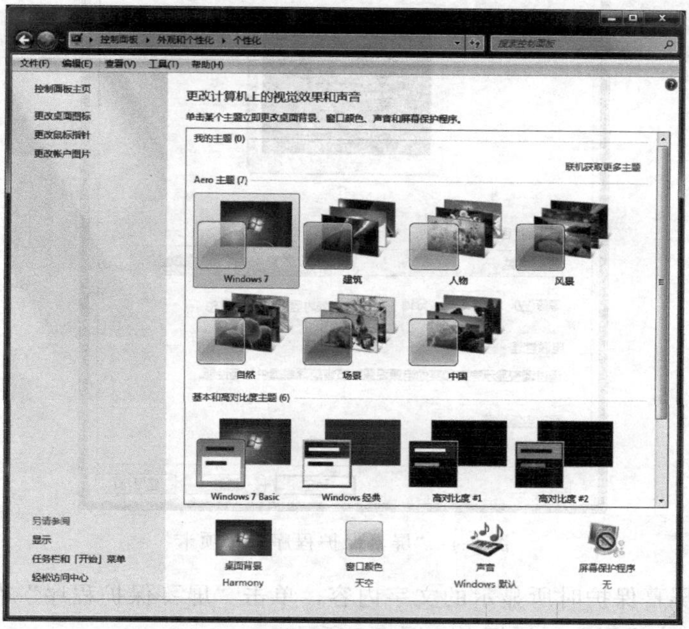

图 2-2 “个性化”窗口

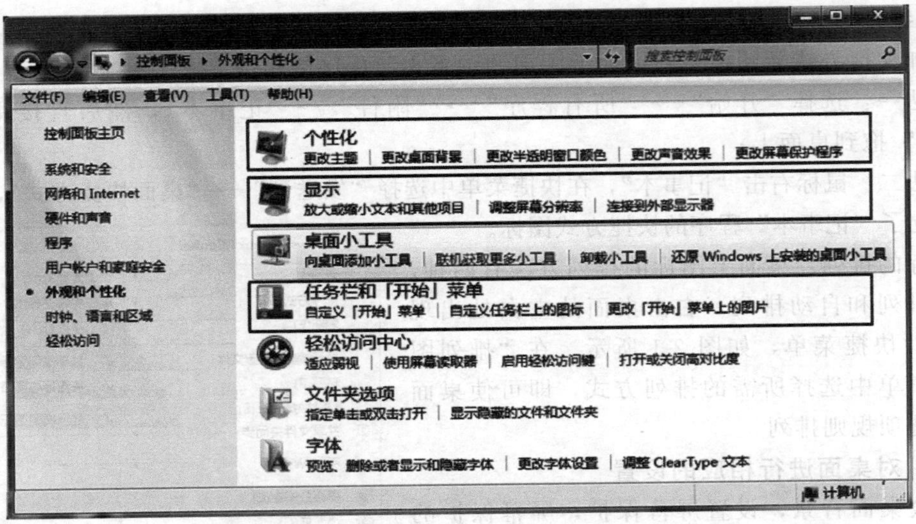

图 2-3 “外观和个性化”窗口

③ 选择“桌面背景”窗口中的图片，或从“浏览”按钮中选择计算机磁盘中的图片，即可完成桌面背景的设置。

④ 单击“外观和个性化”窗口下的“更改屏幕保护程序”按钮，然后在“屏幕保护程序设置”对话框中单击“屏幕保护程序（S）”列表框右边的下拉按钮，下方弹出可供使用的屏幕保护程序，单击选择“三维文字”，如图 2-4 所示。

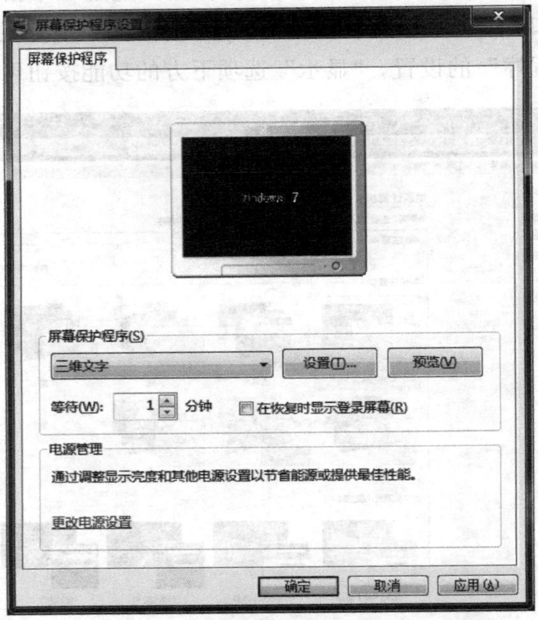

图 2-4 “屏幕保护程序”选项卡

⑤ 为了设置屏幕保护时所显示的文字内容，单击“屏幕保护程序”右边的“设置”按钮，弹出“三维文字设置”对话框，如图 2-5 所示。

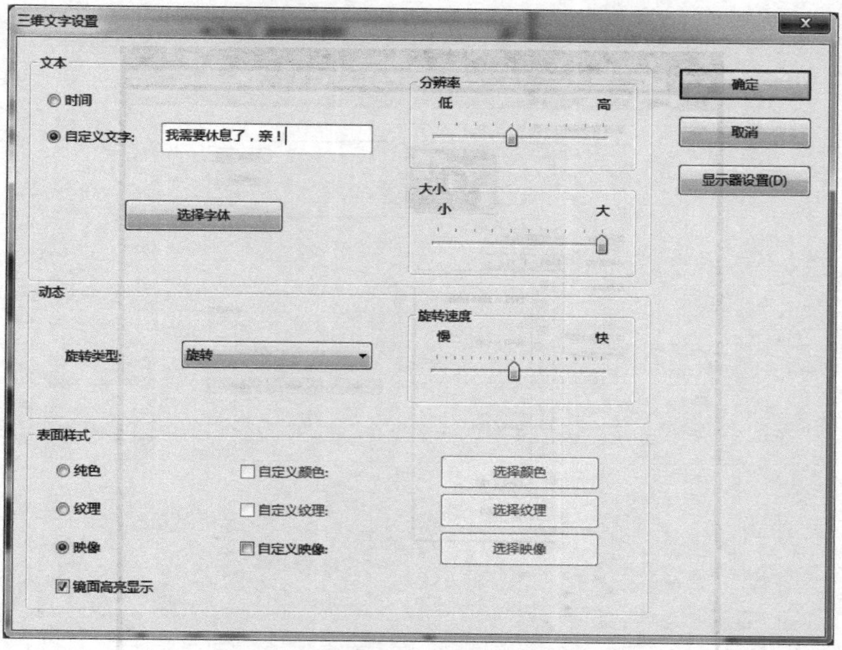

图 2-5 “三维文字设置”对话框

⑥ 选择“自定义文字”单选按钮，再单击右边的文本框，出现光标后键入“我需要休息了，亲!”，在“旋转类型”下拉列表框中选择“跷跷板式”，略微向右拖动“旋转速度”滑标上的滑块，使文字运动速度加快，最后单击“确定”按钮，返回“屏幕保护程序设置”对话框。

⑦ 调整“等待”右边的微调按钮至 10 分钟，如果恢复使用时需验证身份，可单击“在恢复时使用密码保护”复选框，并进行密码设定。

⑧ 为了使屏幕上的文字大一些，可以在“三维文字设置”对话框中通过“大小”下的滑块按钮设置其大小，如图 2-5 所示。

⑨ 单击“外观和个性化”窗口中“显示”选项组中“调整屏幕分辨率”按钮，打开“屏幕分辨率”选项卡，拖动“分辨率”下面的滑块，使下面显示“1280×1024”，如图 2-6 所示。

⑩ 单击“确定”按钮，系统按设置显示。

三、查看系统属性，要求了解其 CPU 和内存情况

方法一：选择电脑桌面“计算机”图标，单击鼠标右键，然后会出现一个快捷菜单栏，选择快捷菜单栏的最下面的“属性”选项，单击“属性”选项，然后会弹出一个“系统”属性窗口，如图 2-7 所示。

方法二：单击“开始”→选择“控制面板”→打开“系统”属性窗口→查看到如图 2-7 所示的电脑信息。在弹出的“系统”属性窗口中显示 Windows 版本、系统等属性，在这里就可以看到电脑的一些基本属性了。

四、查看任务栏和“开始”菜单进行设置的窗口，并使“控制面板”不在“开始”菜单中显示

（一）查看任务栏和“开始”菜单进行设置的窗口

① 任务栏属性的设置：单击“外观和个性化”窗口中“任务栏和「开始」菜单”选项

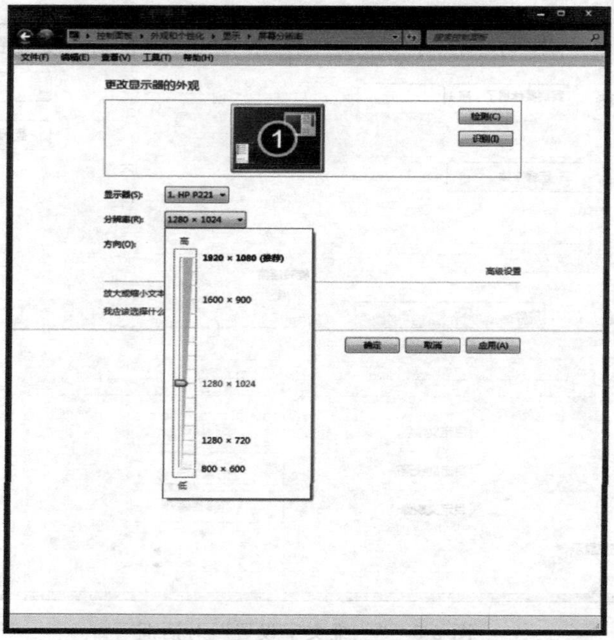

图 2-6 “屏幕分辨率”选项卡

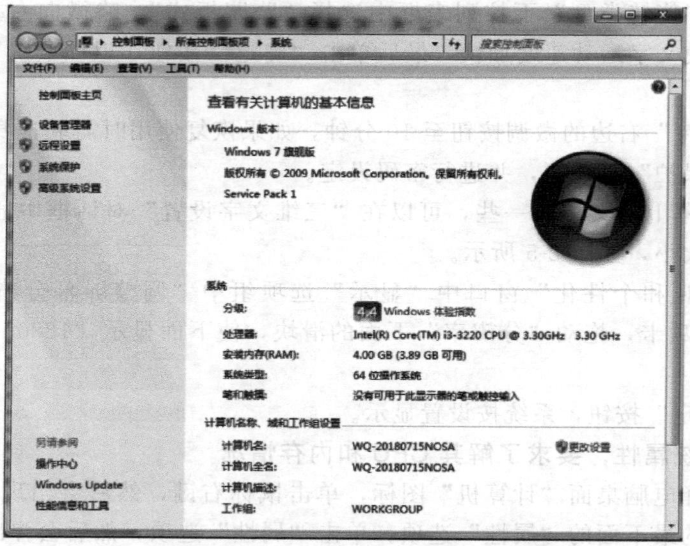

图 2-7 “系统”属性窗口

组下“「开始」菜单”按钮，出现如图 2-8 所示“任务栏和「开始」菜单属性”对话框；

② 通过「开始」菜单选项卡可以选择个人适应的菜单风格；

③ 通过任务栏选项卡可以进行任务栏外观的设定；

④ 调整任务栏大小及位置，可以通过鼠标的拖动完成。

（二）“开始”菜单中不显示“控制面板”

任务栏上空白处点击鼠标右键，系统打开“快捷菜单”，之后在打开的“快捷菜

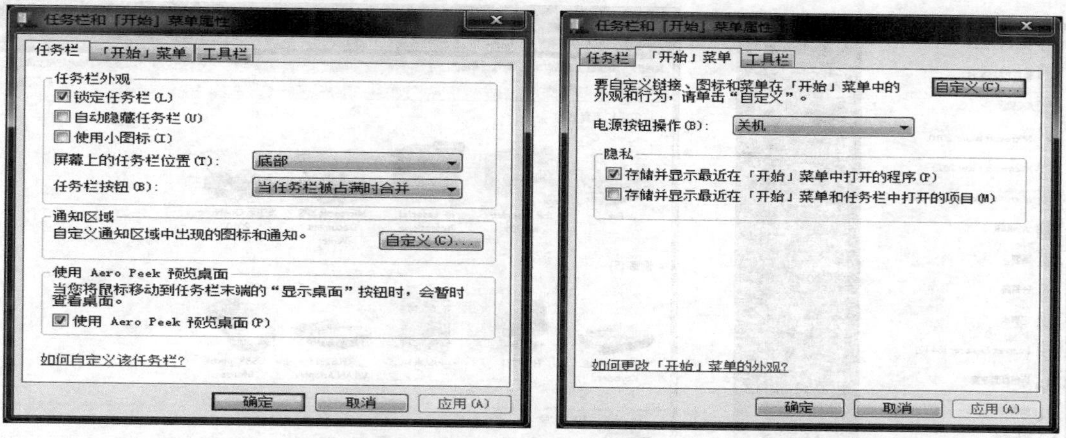

图 2-8 “任务栏和「开始」菜单属性”对话框

单”中选择“属性”。单击鼠标左键可以打开“任务栏和「开始」菜单属性”设置对话框，然后在选项卡中选择“开始菜单”，打开“开始菜单”设置页面，然后点击右上方的“自定义”按钮。在“自定义「开始」菜单”设置对话框里面找到关于控制面板的设置项。将控制面板的设置项修改为“不显示此项目”，然后点击右下角的“确定”按钮，返回到上一级设置对话框中，点击右下方的“应用”和“确定”按钮，如图 2-9 所示。

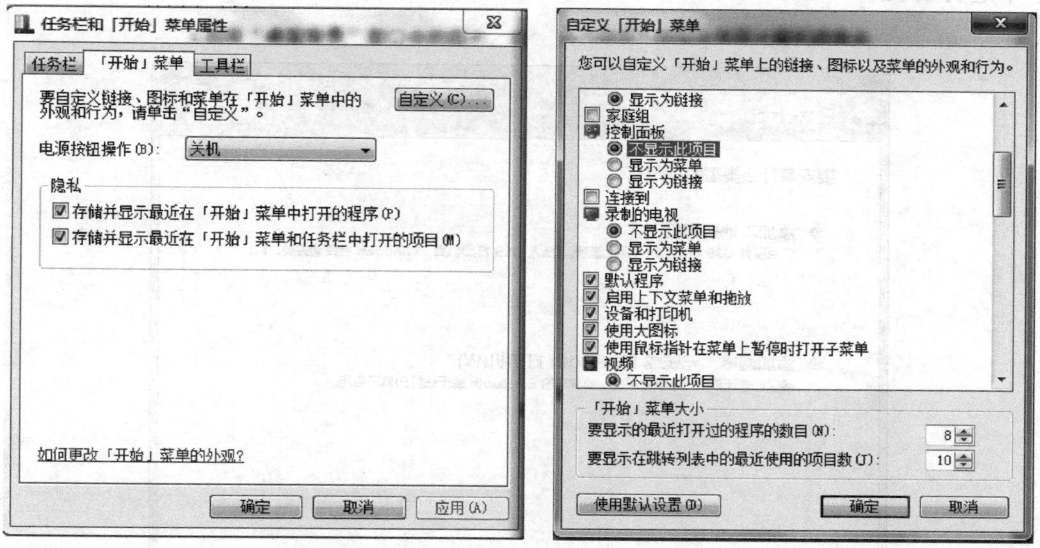

图 2-9 “自定义「开始」菜单”属性对话框

五、卸载旧打印机，同时安装一台新打印机

① 首先关闭计算机，拔下旧打印机的电源和数据线，再连接好新打印机的电源线及数据传输线；

② 启动计算机后打开“开始”菜单中“设备和打印机”选项，如图 2-10 所示，打开“设备和打印机”窗口，如图 2-11 所示；

图 2-10 “开始”菜单

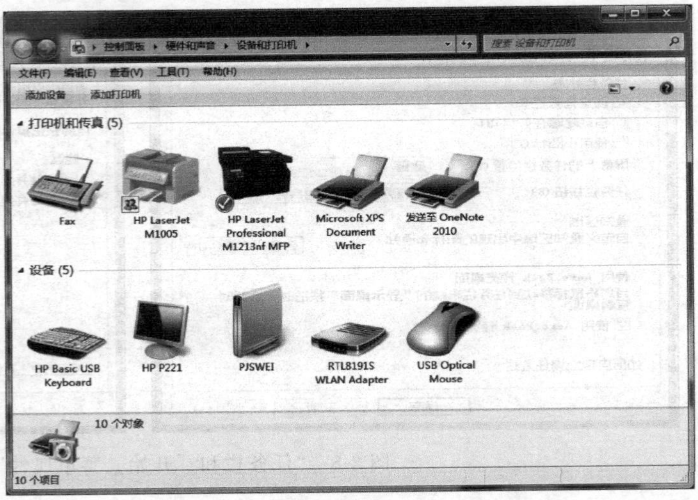

图 2-11 “设备和打印机”窗口

③ 单击选中旧打印机图标，通过鼠标右键弹出快捷菜单中选择“删除设备”命令，系统弹出确认删除信息框，确认信息后，即彻底删除了旧打印机及其相关驱动程序文件；

④ 单击“添加打印机”按钮，出现“添加打印机”对话框，如图 2-12 所示，在向导的提示下进行安装；

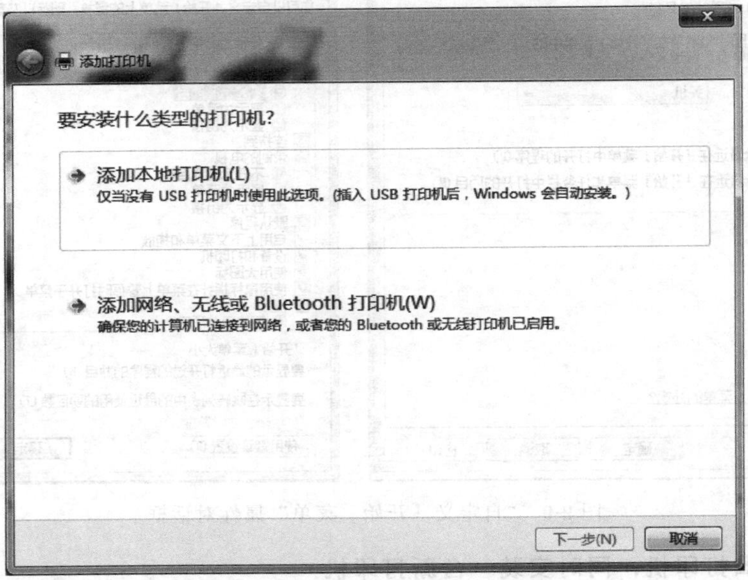

图 2-12 “添加打印机”向导对话框

⑤ 向导需要知道要安装哪一类打印机，自动检测并安装新的即插即用打印机，如果没有就要手动安装打印机的驱动程序了；

⑥ 安装完成后，新打印机图标出现在“设备和打印机”窗口中。

六、添加/删除输入法

① 鼠标右键单击“任务栏”上输入法图标，如图 2-13 所示，从弹出的快捷菜单（图 2-14）中选择“设置”命令，打开“文本服务和输入语言”对话框，如图 2-15 所示。

图 2-13 “任务栏”输入法图标

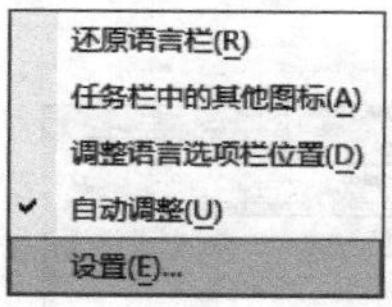

图 2-14 输入法快捷菜单

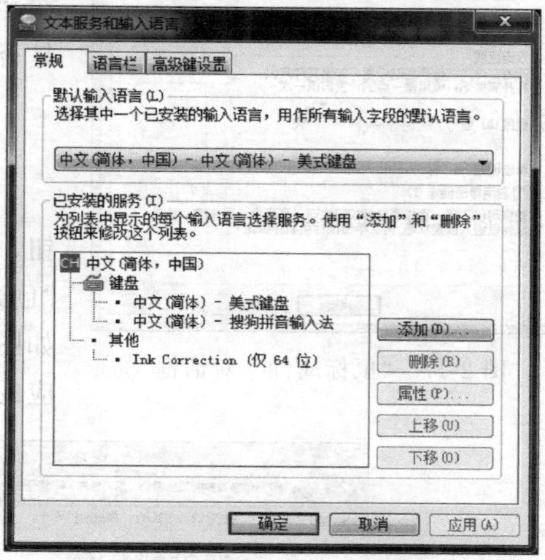

图2-15 “文本服务和输入语言”对话框

② 在“文字服务和输入语言”对话框，从“默认输入语言”的下拉列表框中选择“中文（简体，中国）”后，再从“已安装的服务”列表框中选择所要添加的输入法，单击“添加”按钮完成。

如果不是系统包括的输入法，可通过光盘添加或官方网站下载安装。

③ 删除输入法：在图 2-15 中，在“已安装的服务”列表框中选中要删除的输入法，单击“删除”按钮，再单击“确定”。

七、设置鼠标为左手习惯

① 打开“控制面板”窗口，选择“硬件和声音”按钮，在打开窗口中选择“鼠标”按钮，如图 2-16 所示，打开“鼠标属性”对话框，如图 2-17 所示；

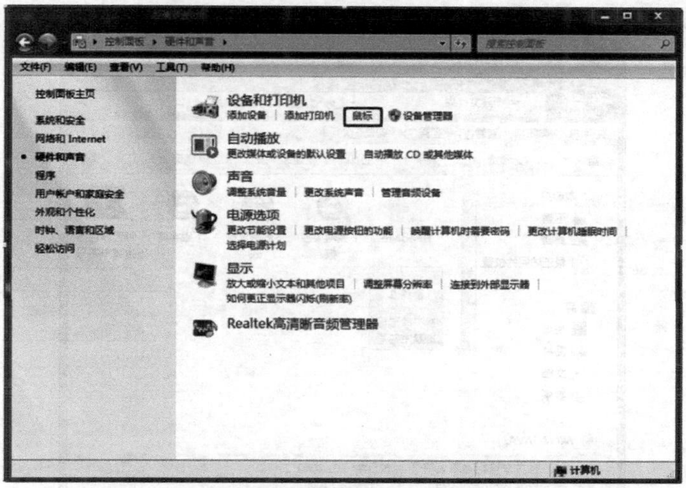

图 2-16 “硬件和声音”窗口

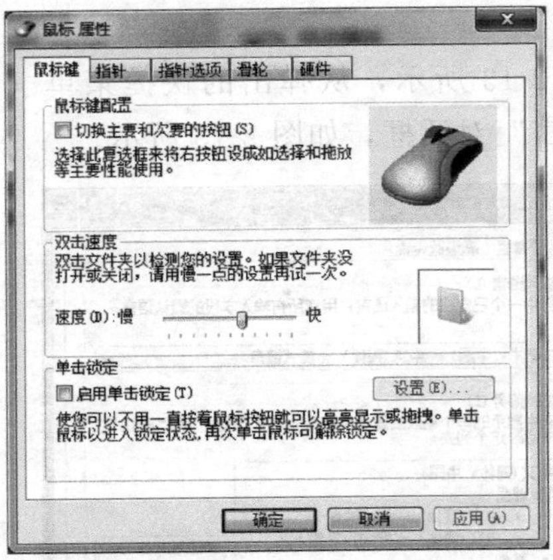

图 2-17 “鼠标属性”对话框

② 在“鼠标键”选项卡中单击“切换主要和次要的按钮”复选按钮，如图 2-17 所示，可切换左右主键；

③ 在“指针”选项卡中可以设定指针形状方案，在“指针选项”选项卡中设定鼠标指针的移动速度及是否可见移动踪迹；

④ 单击“确定”完成设置。

八、设置一个自己名字命名的用户账户

打开“控制面板”窗口，选择“用户账户”按钮，在打开窗口中选择“管理其他账户”按钮，选择“创建一个新账户”按钮，打开“创建新账户”窗口，如图 2-18 所示，之后把这个账户的密码和图片进行相应的设置。

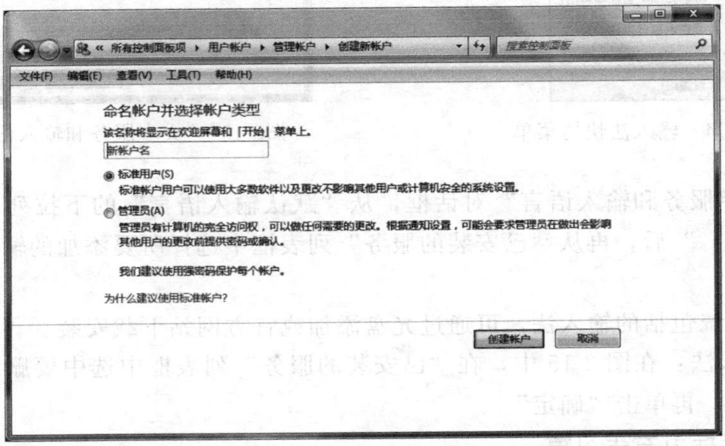

图 2-18 “创建新账户”窗口

九、增加一个新字体

下载一个新的字体，然后单击鼠标右键解压文件，如图 2-19 所示。

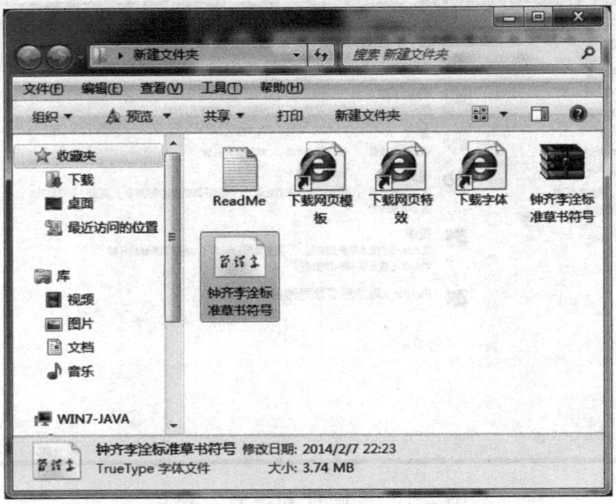

图 2-19 解压的字体文件

方法一：把新字体的扩展名为“.ttf”的文件粘贴到控制面板里的“字体”窗口里，如图 2-20 所示；

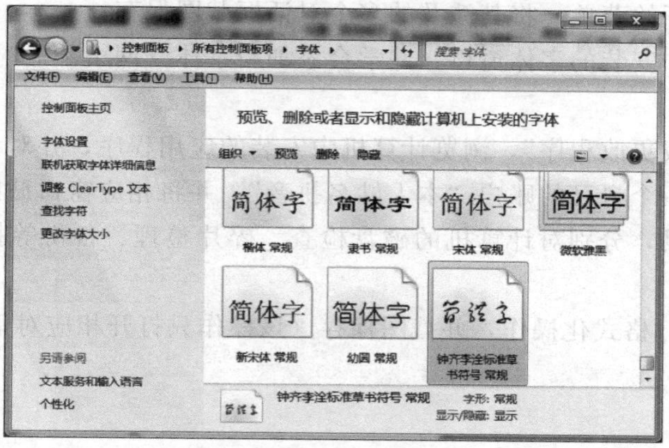

图 2-20 “字体”窗口

方法二：把新字体的扩展名为“.ttf”的文件打开，单击文件里自带的“安装”按钮，如图 2-21 所示。

图 2-21 “字体安装”窗口

【模仿项目】

控制面板是专门用来提供用于进行系统设置的程序组。其中还有很多功能没有介绍，用户可以尝试进行查看。但是，对完全不懂的设置不要随意更改，以避免由于改动设置不利，造成计算机系统的某些设备无法正常工作。

在 Windows 7 操作系统下，用户还可以尝试在桌面上添加小工具、设置系统的日期和时间、查看系统属性（可了解 CPU 和内存情况）、查看磁盘存储等操作。

创意项目 ▶▶▶

注意：所有操作界面要求截图保存，保存文件名为“学号＋姓名＋截图对象标题”，并将所有文件保存至以“学号＋姓名”命名的文件夹中，然后按指导老师要求进行提交。

① 自定义桌面背景，为桌面添加小工具，对桌面（含任务栏）进行截图保存；

② 设置一种自己喜爱的屏幕保护程序，观察浏览其效果，并对设置对话框截图保存；

③ 设置多种显示器屏幕分辨率，选择适合本机的设置，并将设置对话框截图保存；

④ 整理与定义开始菜单，将其涉及的多个对话框截图保存；

⑤ 浏览计算机中安装的字体窗口，并学会添加新字体（网络不通时可忽略不做），并将窗口截图保存；

⑥ 打开“卸载或更改程序”，浏览计算机中安装的应用程序，并对该窗口截图保存；

⑦ 为系统添加一个自己的账户“本人姓名拼音”，并将相应窗口截图保存；

⑧ 打开磁盘工具，分别对计算机的磁盘检查、碎片整理、备份等操作对话框截图进行保存；

⑨ 对磁盘D进行格式化操作，并截图保存（该操作只打开相应对话框，不执行“开始”按钮）。

实训项目四 Win 7系统的文件管理

实训目的

1. 了解“计算机”和“Windows资源管理器”的操作界面和资源的组织结构，掌握“计算机”和“Windows资源管理器”的打开方法；

2. 熟练掌握文件和文件夹的浏览方式并对其属性进行相应的设置；

3. 熟练掌握文件和文件夹操作管理。

实训内容

实训项目四 任务单

实训标题	Win 7 系统的文件管理			任课教师	
班级		学号		姓名	
学习情境	在本地计算机中创建个人学习资料的目录				
课前预习	文件和文件夹的命名规则				
课堂学习	1. 问答：资源管理器文件和文件夹的浏览方式，写出文件和文件夹的命名规则。 2. 讨论：文件和文件夹的名称区别，文件夹的功能。 3. 操作：创建文件和文件夹，并进行选择、复制、移动、删除、重命名和设置属性等操作，“计算机”与“Windows资源管理器”窗口及基本操作，压缩软件的使用。 4. 完成实训项目四				
单元掌握情况	□90%以上 □80%～90% □60%～80% □40%～60% □低于40%				
课后任务 （含下单元预习内容）	对个人计算机进行个性化设置				
单元学习 内容总结					

实训指导 ▶▶▶

【知识链接】

一、文件与文件夹的概念

文件是在计算机中常常用到的概念。在计算机领域里，文件的含义非常广泛。文件是数据组织的一种形式，在计算机中所有信息都是以文件的形式存储在磁盘、光盘或USB闪存盘上的。

为了便于管理和使用文件，每个文件都有一个名称即文件名，计算机是靠文件名来识别文件的，文件名由两部分组成，即主文件名和扩展名，它们之间用圆点“.”隔开。例如：“WE. TXT”是一个文件名，“WE”是主文件名，可以是英文名字也可以是汉字，主文件名常简称为文件名；“. TXT”是扩展名（文件名不区分大小写），扩展名是为了管理文件方便，给同一类文件统一起一个相同的扩展名，起分类作用。为了保护文件，常将文件设置成只读或隐藏属性，具有这样属性的文件不能被修改。

二、文件夹和子文件夹

计算机磁盘，特别是硬盘，容量是非常大的。为方便管理，在计算机中，文件的组织方式是以文件夹的方式组织的，一个文件夹就像文件柜中的一个格子，一个文件夹可以包含若干个子文件夹，每个子文件夹中又可以包含若干个子文件夹……

三、文件的路径

路径由盘符（包括一个英文标点的冒号）和文件夹及子文件夹名称组成，中间用反斜线分隔。例如，“C:\OFFICE 2000\OFFICE\WINWORD. EXE”中的“WINWORD. EXE”是文字处理软件Word的文件名，“C:\OFFICE 2010\OFFICE\”是文件路径，表示这个文件存放在C盘的OFFICE 2010文件夹中的OFFICE子文件夹中。

“计算机”和“Windows资源管理器”是Windows 7用来组织管理文件和文件夹的工具。使用“计算机”和“Windows资源管理器”，可以拷贝、移动、重新命名以及搜索文件和文件夹。鼠标单击选择文件夹或文件；双击打开文件及文件夹。

“计算机”窗口显示硬盘、CD-ROM驱动器、移动存储器和网络驱动器中的内容，如图2-22所示。

“Windows资源管理器”窗口分两部分，分别显示计算机上的文件、文件夹和驱动器的分层结构，显示映射到计算机上的驱动器号及所有网络驱动器的名称，如图2-23所示。

从“计算机”与“Windows资源管理器”窗口显示形式的区别可以发现，“计算机”和“Windows资源管理器”的功能并无区别，完全相同。

四、文件的选择

在对文件进行操作时，为了同时对多个文件或文件夹操作，常要一起选中多个文件或文件夹。

选择一个文件或文件夹：鼠标单击要选择的对象。

选择多个连续相邻文件或文件夹：先选中第一个对象，按住Shift键，再选中最后一个要选择的对象。

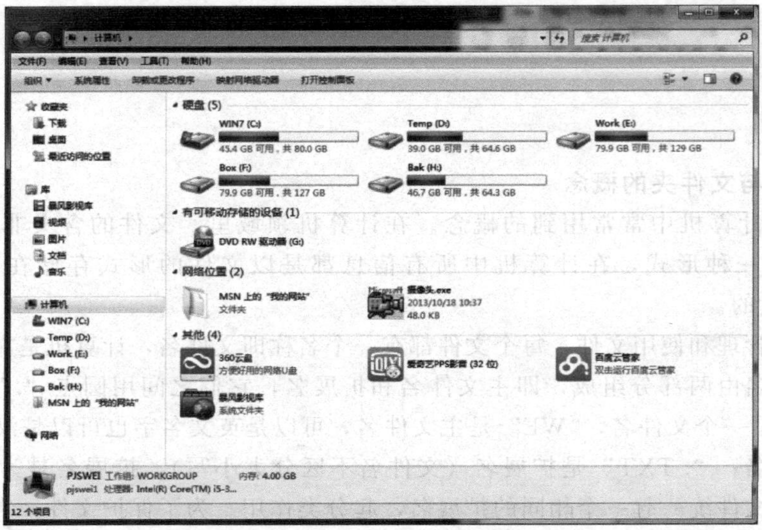

图 2-22 “计算机”窗口

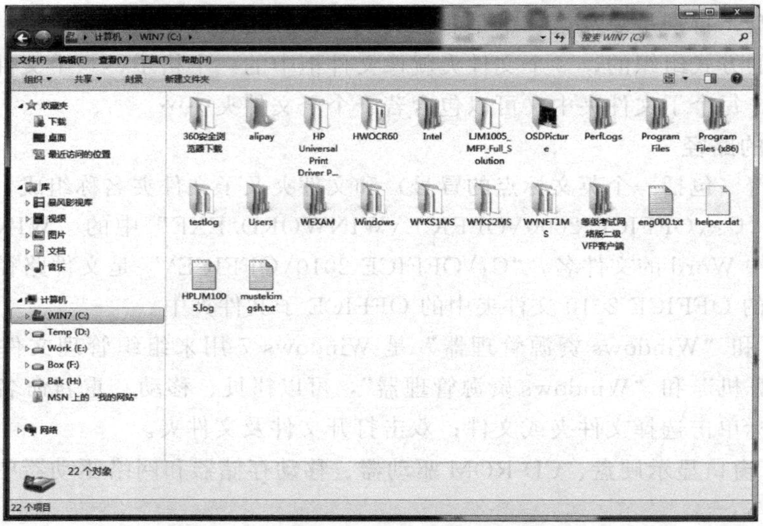

图 2-23 “Windows 资源管理器”窗口

选择多个不连续相邻文件或文件夹：先选中第一个对象，按住 Ctrl 键，再分别选中每一个要选择的对象。

五、文件的属性

文件具有存档、只读、隐藏属性，为了保护文件，常将文件设置成只读或隐藏属性，具有这样属性的文件不能被修改。

【实训要求】

① 启动“计算机”或“Windows 资源管理器”，查看 C 盘内容。

② 在 D 盘上创建名为“学号＋姓名”的文件夹，然后在其中创建“班级活动”的新文

件夹，并在其内建一名为“板报”的子文件夹。

③ 将“班级活动”文件夹中的“板报”文件夹重命名为“班级板报”。

④ 在“学号＋姓名”的文件夹上建立如图 2-24 所示各个文件夹，并将操作结果目录截图保存为“学号＋姓名 1. jpg”保存至“班级活动”文件夹中的“班级板报”文件夹中。

⑤ 将“班级报表”文件夹中的“一月份”“四月份”“五月份”文件夹复制到“活动经费”文件夹中。

⑥ 将“班级报表”文件夹中的“二月份”文件夹移动到“活动经费”文件夹下。

⑦ 删除“班级报表”文件夹中的“一月份”“四月份”两个文件夹。

⑧ 从回收站中恢复被删除的“四月份”文件夹。

⑨ 将“班级活动”中的“活动经费”文件夹设置成隐藏属性。

⑩ 设置文件夹选项，显示隐藏文件、显示文件扩展名，如图 2-25 所示，并将设置好的对话框截图保存为“学号＋姓名 1. bmp”保存至“班级板报”文件夹中。

⑪ 在“ppt”文件夹中创建“A1. txt”“A03. doc”“A10. docx”“A03. xls”“A10. xlsx”“A03. ppt”“A10. pptx”“A. com”“A. exe”“A. bat”“A. mp3”“A. wma”“A. mp4”，共 13 个文件。

⑫ 在“学号＋姓名”的文件夹上为“A. wma”文件创建名称为“WA”的快捷方式。

⑬ 把老师给的“班级文件”文件夹复制到“班级板报”中，搜索“班级文件”文件夹中的“LEAF. MAP”文件，然后将其设置为存档和只读属性，搜索“班级文件”文件夹中第三个字母是 C 的所有文本文件，将其移动到“班级文件”文件夹下的“WEJ”文件夹中。

⑭ “班级文件”文件夹下“DAWN”文件夹中的文件“BEAN. PAS”的存档和隐藏属性撤消，并设置成只读属性。

⑮ 为“班级文件”文件夹下“DESK \ CUP”文件夹中的“CLOCK. EXE”文件建立名为“CLOCK”的快捷方式，存放在“学号＋姓名”的文件夹。

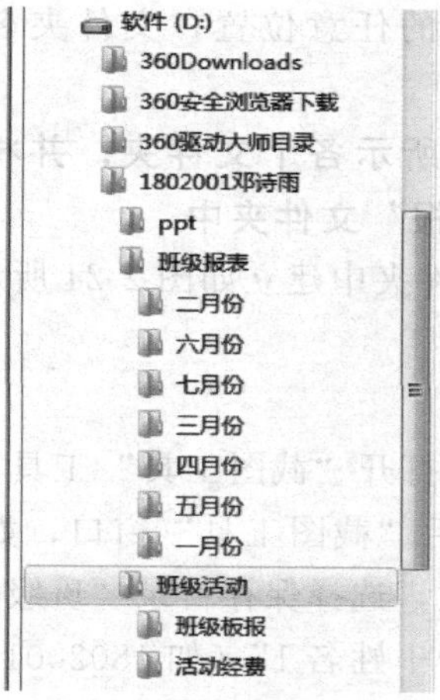

图 2-24　文件夹目录

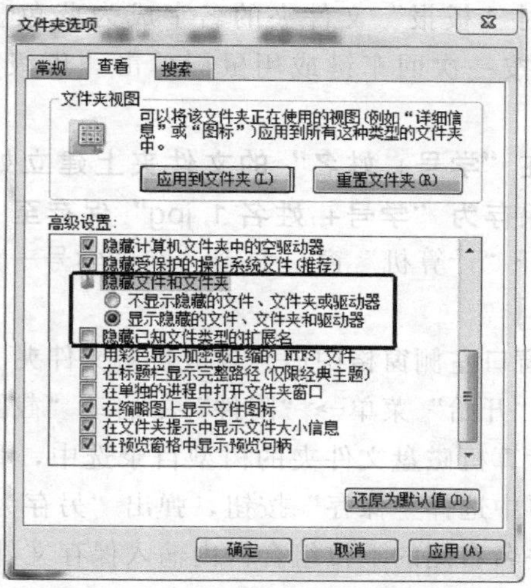

图 2-25　“文件夹选项”对话框

【操作指导】

一、启动“计算机”或“Windows资源管理器”，查看C盘内容

① 双击桌面上“计算机”图标，打开“计算机”窗口。

② 鼠标指向“开始”按钮，单击右键，选择“打开Windows资源管理器（P）”命令，打开“Windows资源管理器”窗口。

③ 也可以单击“开始”→“程序”→“附件”→“Windows资源管理器”菜单命令，打开“Windows资源管理器”窗口。

④ 在打开的窗口中，找到并双击硬盘“磁盘（C:）”的图标或名称，即可看到C盘所包含的内容。

二、文件、文件夹的建立

在D盘上创建名为“学号＋姓名”的文件夹，然后在其中创建“班级活动”的新文件夹，并在其内建一名为“板报”的子文件夹。

① 双击桌面上“计算机”图标，打开“计算机”窗口。

② 双击硬盘“磁盘（D:）”的图标或名称，打开D盘。

③ 在窗口中的空白处单击鼠标右键，出现快捷菜单。

④ 选中“新建”→“文件夹（F）”选项，即建立一个文件夹，刚建立的文件夹名字为“新建文件夹”，并且反白可输入字符，在文件夹名的反白处输入“学号＋姓名”（如1802001邓诗雨），按回车键，双击打开该文件夹，按照如上方法建立“班级活动”子文件夹，再在“班级活动”文件夹中建立“板报”文件夹。

三、将“班级活动”文件夹中的“板报”文件夹重命名为“班级板报”

① 打开“Windows资源管理器”窗口，在左窗格中找到并单击D盘。

② 在右窗格中找到并双击“学号＋姓名”文件夹，打开文件夹窗口后再双击“班级活动”文件夹，打开“班级活动”文件夹。

③ 右击“班级活动”文件夹中的“板报”文件夹，弹出快捷菜单如图2-26所示，执行快捷菜单中的“重命名”命令。

④ 此时“板报”文件夹的名字成为蓝色显示，并且出现光标，键入新的名字“班级板报”，按一次回车键或用鼠标单击“班级板报”外的任意位置，文件夹名字重命名完成。

四、在“学号+姓名”的文件夹上建立如图2-24所示各个文件夹，并将操作结果目录截图保存为“学号+姓名1.jpg”保存至“班级板报”文件夹中

① 打开“计算机”窗口D盘，在“学号＋姓名”文件夹中建立如图2-24所示的各个文件夹。

② 在窗口左侧窗格中展开各级目录文件夹。

③ 从“开始”菜单→“附件”中启动“截图工具”，打开“截图工具”工具条，通过鼠标拖动将计算机磁盘文件夹的树型目录选中，弹出截图后“截图工具”窗口，如图2-27所示，在窗口中选择“保存”按钮，弹出“另存为”对话框，选择保存目录“班级板报”文件夹，在文件名右侧的下拉组合框内输入保存文件名“学号＋姓名1”（如1802001邓诗雨1），在保存类型下拉列表框内选择“JPEG文件（*.JPG）”，单击“保存”按钮，如图2-28所示。

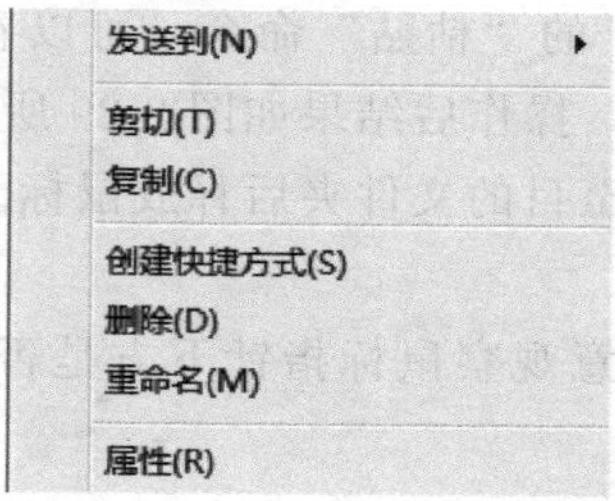

图 2-26　快捷菜单

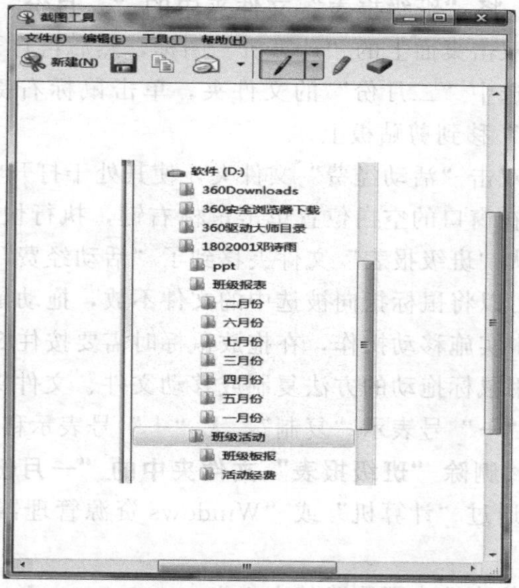

图 2-27　“截图工具”窗口

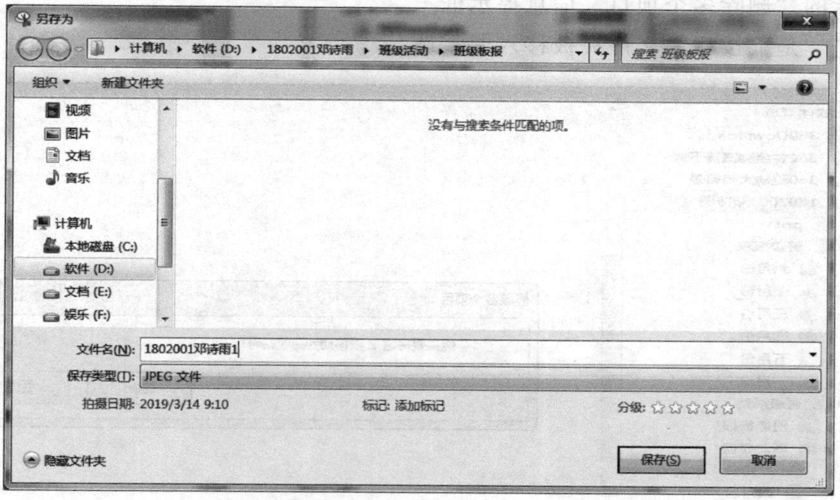

图 2-28　“另存为”对话框

五、将“班级报表”文件夹中的“一月份”“四月份”“五月份”文件夹复制到“活动经费”文件夹中

① 双击桌面上的“计算机”图标，然后打开“D:\学号+姓名\班级报表”文件夹。

② 先选中“一月份”文件夹，再按住 Ctrl 键，单击“四月份”和“五月份”文件夹。

③ 右击选中待复制的文件夹，选择快捷菜单上的“复制”命令，将选中的“一月份”“四月份”“五月份”文件夹复制到了剪贴板上。

④ 打开“D:\学号+姓名\班级活动\活动经费”文件夹。

⑤ 在窗口的空白位置，单击鼠标右键，选择快捷菜单上的“粘贴”命令，此时即可看到“活动经费”文件夹中出现“一月份”“四月份”“五月份”文件夹。

六、将“班级报表”文件夹中的“二月份”文件夹移动到“活动经费”文件夹下

① 双击桌面上的“计算机”图标，然后再打开“D:\学号＋姓名\班级报表”文件夹。

② 选中“二月份”的文件夹，单击鼠标右键，执行快捷菜单上的“剪切”命令，将“二月份”移到剪贴板上。

③ 双击“活动经费”文件夹，使其处于打开状态。

④ 在窗口的空白位置单击鼠标右键，执行快捷菜单上的“粘贴”命令，可以看到“二月份”从“班级报表”文件夹移到了“活动经费”文件夹，操作后结果如图 2-29 所示。

也可以将鼠标指向被选中的文件不放，拖动鼠标指针至目的文件夹后释放鼠标。若在不同磁盘中实施移动操作，在拖放鼠标时需要按住 Shift 键。

使用鼠标拖动的方法复制或移动文件、文件夹时，注意观察鼠标指针下方是否有“＋”号。有“＋”号表示“复制”，无“＋”号表示移动。

七、删除“班级报表”文件夹中的“一月份”“四月份”两个文件夹

① 通过“计算机”或“Windows 资源管理器”，打开“D:\学号＋姓名\班级报表”文件夹。

② 依次选中要删除的文件夹。

③ 右击任一选中的文件夹，弹出快捷菜单，执行快捷菜单中的“删除”命令，弹出如图 2-30 所示的“删除多个项目”信息提示框。

④ 单击“是”按钮，文件夹被移入回收站。

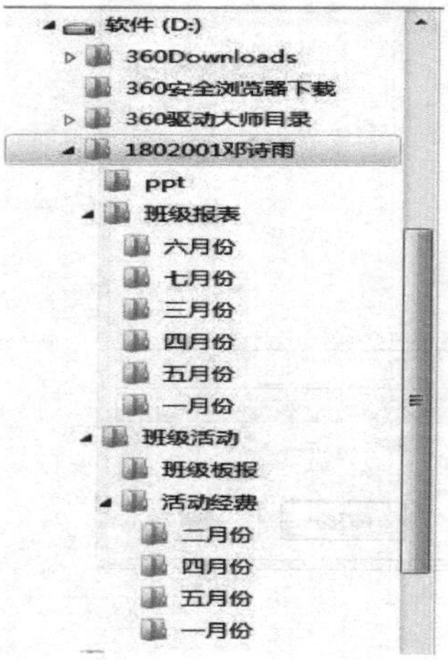

图 2-29 操作后目录结构

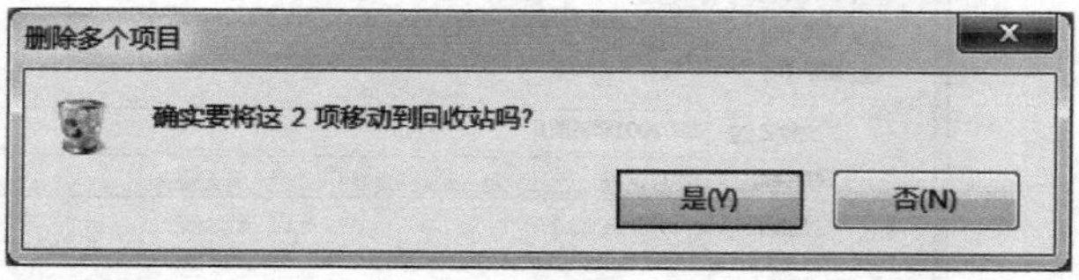

图 2-30 “删除多个项目”信息提示框

八、从回收站中恢复被删除的“四月份”文件夹

① 双击桌面上的“回收站”图标，打开“回收站”窗口，为了看到文件夹恢复的情况，还可以同时打开“D:\学号＋姓名\班级报表”文件夹，将两个窗口并列摆放在屏幕上。

② 在“回收站”窗口中，选中要恢复的“四月份”文件夹，单击鼠标右键，弹出快捷菜单如图 2-31 所示。

③ 单击“还原”命令，可以看到回收站中的“四月份”文件夹消失，它又出现在“D:\学号＋姓名\班级报表”文件夹中。

如果是想彻底从电脑中删除文件或文件夹，那就在回收站里选中要删除的文件或文件夹，单击鼠标右键，弹出快捷菜单，再单击“删除”，或者按住 Shift 键，再进行删除。

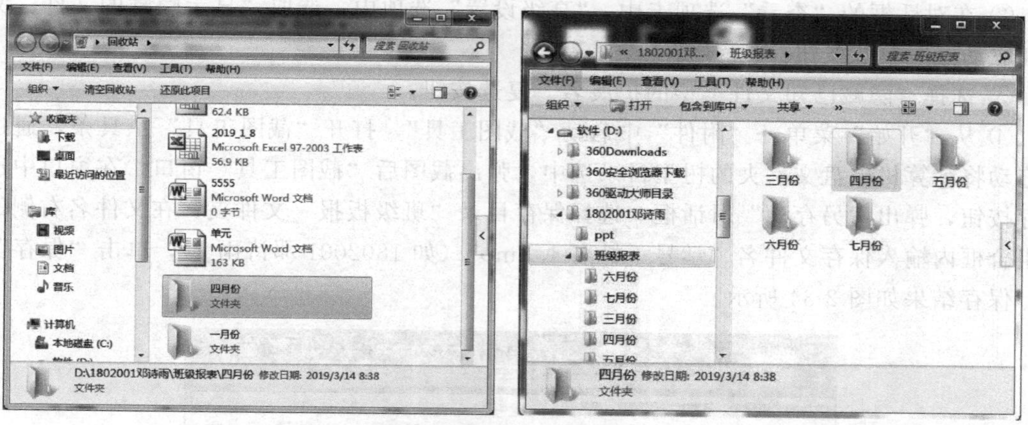

图 2-31 “回收站”与待还原文件夹并排显示窗口

九、将“班级活动”中的“活动经费”文件夹设置成隐藏属性

① 双击桌面上的“计算机”图标，然后再打开“D:\学号+姓名\班级活动”文件夹。

② 选中名字为“活动经费”文件夹。

③ 右击选中的文件夹，执行快捷菜单上的“属性”命令，弹出“活动经费属性”对话框，如图 2-32 所示。

④ 单击选择“隐藏”复选框，再单击“确定”按钮，此时可看到“活动经费”文件夹的图标的颜色变虚或消失，说明该文件夹具有了隐藏属性。

十、设置文件夹选项，显示隐藏文件、显示文件扩展名，如图 2-33 所示，并将设置好的对话框截图保存为“学号+姓名 1.bmp”保存至“班级板报”文件夹中

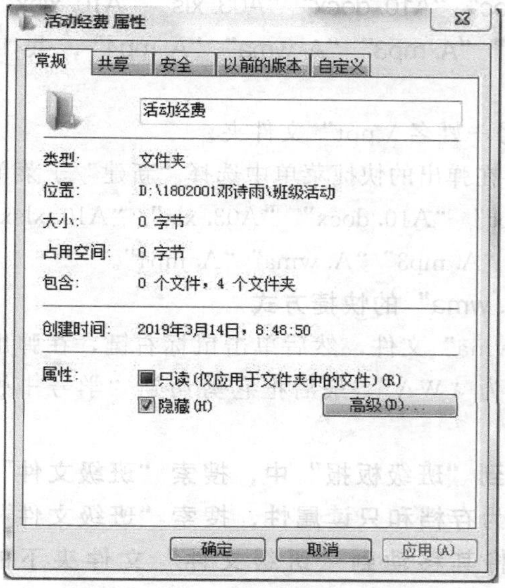

图 2-32 “活动经费属性”对话框

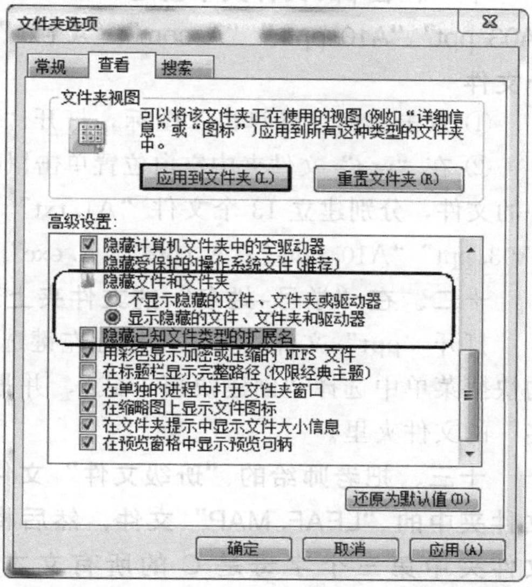

图 2-33 “文件夹选项”对话框

① 单击窗口左上方“组织”下拉菜单→“文件夹和搜索选项”，打开“文件夹选项”对话框，如图 2-33 所示。

② 在对话框的“查看”选项卡中，“高级设置”选项内，选取“显示隐藏的文件、文件夹和驱动器”单选按钮。

③ 选择“隐藏已知文件类型的扩展名”复选按钮。

④ 从“开始”菜单→“附件”中启动“截图工具”，打开“截图工具”工具条，通过鼠标拖动将计算机磁盘文件夹的树型目录选中，弹出截图后“截图工具”窗口，在窗口中选择保存按钮，弹出“另存为”对话框，选择保存目录“班级板报”文件夹，在文件名右侧的下拉组合框内输入保存文件名“学号＋姓名 1. bmp”（如 1802001 邓诗雨 1），单击“保存”按钮，保存结果如图 2-34 所示。

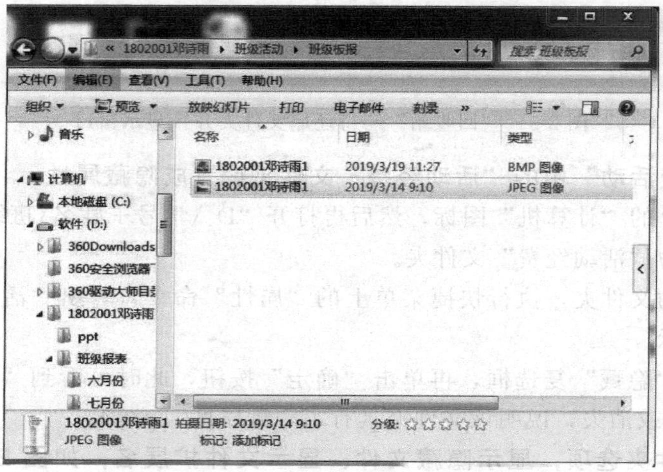

图 2-34 操作后保存结果

十一、在 ppt 文件夹中创建“A1. txt”“A03. doc”“A10. docx”“A03. xls”“A10. xlsx”“A03. ppt”“A10. pptx”“A. com”“A. exe”“A. bat”“A. mp3”“A. wma”“A. mp4”，共 13 个文件

① 双击桌面“计算机”图标，打开“D:\学号＋姓名\ppt”文件夹。

② 在“ppt”文件夹中空白位置单击鼠标右键，在弹出的快捷菜单中选择“新建”子菜单中的文件，分别建立 13 个文件“A1. txt”“A03. doc”“A10. docx”“A03. xls”“A10. xlsx”“A03. ppt”“A10. pptx”“A. com”“A. exe”“A. bat”“A. mp3”“A. wma”“A. mp4”。

十二、在“学号+姓名”的文件夹上建立“A. wma”的快捷方式

打开“ppt”文件夹，单击鼠标左键选择“A. wma”文件，然后单击鼠标右键，在弹出的快捷菜单中选择“创建快捷方式”，并把其改名为“WA”，最后把它剪切到“学号＋姓名”的文件夹里。

十三、把老师给的“班级文件”文件夹复制到“班级板报”中，搜索“班级文件”文件夹中的“LEAF. MAP”文件，然后将其设置为存档和只读属性，搜索“班级文件”文件夹中第三个字母是 C 的所有文本文件，将其移动到“班级文件”文件夹下的“WEJ”文件夹中

① 在“计算机”窗口，打开“班级文件”，把“班级文件”文件夹复制到“班级板报”。

② 在窗口右上方搜索编辑框内输入“LEAF. MAP”对“班级文件”文件夹进行搜索，如图 2-35 所示，将搜索的结果“LEAF. MAP”文件的属性进行修改，选择该文件右击鼠标，在弹出的快捷菜单中选择“属性”，在“属性”对话框中勾选“只读”，在“高级”对话框中勾选“存档”。

图 2-35 文件搜索

③ 打开“班级文件”文件夹，在窗口右上方搜索编辑框内输入“?? c*.txt”对“班级文件”文件夹进行搜索，将搜索中分别符合条件的所有文件移动到“班级文件”文件夹下的“WEJ”文件夹中。

十四、将“班级文件”文件夹下“DAWN”文件夹中的文件“BEAN. PAS”的存档和隐藏属性撤消，并设置成只读属性

打开“D:\学号+姓名\班级活动\班级板报\班级文件\DAWN”，找到“BEAN. PAS”文件（如果找不到，请在“文件夹选项”对话框中的“查看”选项卡中设置“显示隐藏的文件、文件夹和驱动器”对其进行选择），找到之后选择“BEAN. PAS”文件，然后右击鼠标，在弹出的快捷菜单中选择“属性”，在“属性”对话框中勾选“只读”，隐藏属性撤消，在“高级”对话框中取消勾选“存档”。

十五、为“班级文件”文件夹下“DESK \ CUP”文件夹中的“CLOCK. EXE”文件建立名为“CLOCK”的快捷方式，存放在“学号+ 姓名”的文件夹

打开 D:\学号+姓名\班级活动\班级板报\班级文件\DESK\CUP，找到“CLOCK. EXE”文件并选择，然后右击鼠标，在弹出的快捷菜单中选择“创建快捷方式”，选择前面创建的快捷方式并右击鼠标，在弹出的快捷菜单中选择“重命名”，键入新的名字“CLOCK”，按一次回车键或用鼠标单击空白的任意位置，重命名完成。之后，把名为“CLOCK”的快捷方式“剪切”并“粘贴”到“学号+姓名”的文件夹。

按教师指导提交作业文件夹。

【模仿项目】

在计算机磁盘中有如图 2-36 所示文件，请按照计算机文件管理的习惯，对文件进行归类管理。

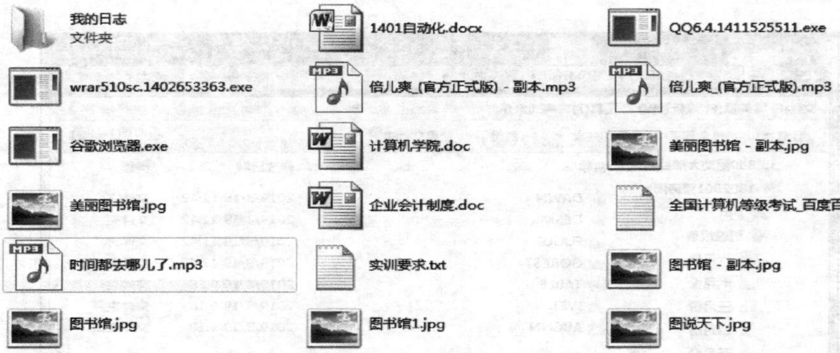

图 2-36　文件图示

模块3
计算机网络基础及应用

实训项目五　IE浏览器的使用

实训目的

1. 了解 Internet 的基本概念；
2. 掌握 IE 浏览器的使用与设置；
3. 掌握网页资源的浏览与下载；
4. 掌握信息资源的检索。

实训内容

实训项目五　任务单

实训标题	IE 浏览器的使用			任课教师	
班级		学号		姓名	
学习情境	使用 IE 浏览器获取网络资源				
课前预习	了解 IE 浏览器的界面组成，主页、链接和网址是什么？				
课堂学习	1. 问答：主页、链接和网址的概念。 2. 讨论：主页和收藏夹的作用。 3. 学生演示：设置主页和添加收藏夹的方法，搜索和保存图片。 4. 练习：收藏网页，以不同的格式保存网页，下载文件，保存网页到本地磁盘。 5. 完成实训项目五				
单元掌握情况	□90%以上　□80%～90%　□60%～80%　□40%～60%　□低于 40%				
课后任务 （含下单元预习内容）	使用 IE 浏览器搜索“Office 2010 简介”，并把查找到的信息以“htm”的格式保存				
单元学习 内容总结					

实训指导

【知识链接】

一、 Internet Explore 简介

Internet Explore 浏览器简称 IE 浏览器，即互联网浏览器。它内置在 Windows 系统中，

是其自带的浏览器。其中内置了一些应用程序，具有浏览、下载等多种网络功能。IE浏览器的作用通俗讲就是上网查看网页。在桌面上双击Internet Explore的图标就可以启动IE浏览器，如图3-1所示。

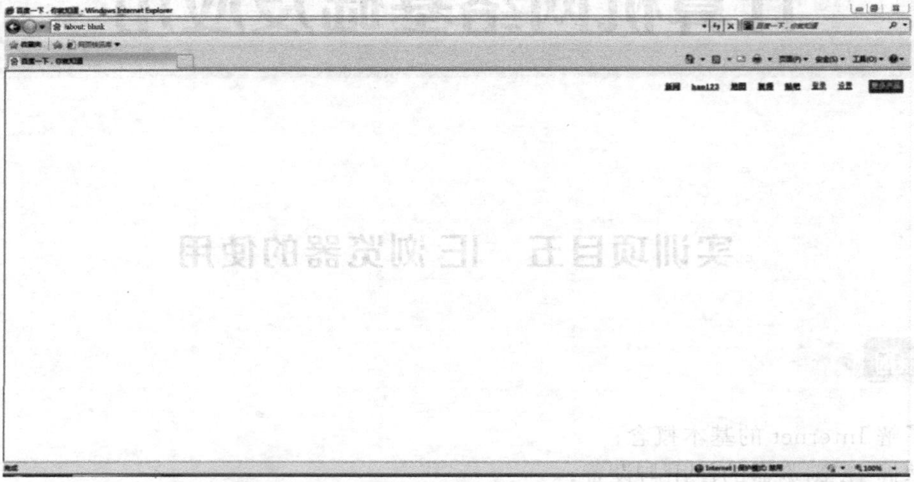

图3-1　IE浏览器的窗口

IE浏览器窗口的组成如下。

（1）标题栏　在网页的最上方，它包含网页的名称和窗口控制按钮。

（2）地址栏　在此输入网页地址可以打开相应的网页，用来显示当前网页的地址。

（3）搜索栏　在此位置输入要搜索的内容，点击“查找”按钮可以进行搜索。用于在网站中查找相关内容。

（4）选项卡标签　打开网页后会显示其网站对应的选项卡，如果打开多个网页，可以通过单击选项卡切换不同的网页。

（5）工具栏　它提供了IE浏览器中常用的命令，选择某一按钮进行单击就可完成相应的命令。

（6）网页浏览窗口　它用来显示当前浏览网页的内容，将鼠标光标指向网页上的某一对象时，如果鼠标的指针变成手的形状，单击此处就可以打开新的网页。

（7）状态栏　用来显示系统所处的状态，其中可以显示浏览器的查找站点、下载网页等信息。在最右一栏中，显示当前站点属于哪个安全区域。在状态栏中还会显示浏览器如处于脱机的工作状态等系统的其他信息。

二、网页浏览操作

（1）停止　网页可能需要很长的时间才能显示完毕，这时，在看到自己需要的内容后，可以单击IE浏览器工具栏上的“停止”按钮，终止网页的下载。

（2）刷新　当打开网页时出现意外中断，或想更新一个已经打开网页的内容时，可单击IE浏览器工具栏上的“刷新”按钮，刷新网页。

（3）后退　单击“后退”按钮可返回前面看过的网页。

（4）前进　单击“前进”按钮可查看在单击“后退”按钮前查看的网页。

三、网页相关知识

（1）网页　就是在IE浏览器中看到的页面，它为用户显示Internet上的各种资源。

(2) 网站　它是为用户提供网页的服务商，是若干相关网页的集合，为访问网络的用户提供浏览新闻、下载资源和买卖商品等服务。

(3) 主页　就是启动IE浏览器时自动连接的Web网页，它是网站的大门。对于经常要访问的网页，为了方便使用，可以将这些常用的网站首页设置为浏览器的主页。这样，每次启动IE浏览器时，默认情况下都将打开该网页。

(4) 网址　用来标识网页在Internet上的位置，每一个网址对应一个网页。就像人们要去朋友家必须要先知道他家地址一样，要访问某一网页，必须知道它的网址。人们通常说的网站网址是指它的主页网址，一般也是网站的域名。地址栏是选择不同网站、协议的入口，通过改变地址的内容，可得到不同的内容。IE浏览器缺省使用WWW服务（HTTP协议和FTP协议），要转到某个Web页，在地址栏中键入Internet地址。

(5) 超文本和超链接　是指除了文本信息外，还允许加入图片、声音、动画、影视等多媒体信息，因此称为超文本。在超文本文件中使用链接，使用户从一个网页跳转到另一个页面，或相同页面可以看到相关的详细内容，这就是超链接（Hyperlink）。网站中把各种形式的超文本文件链接在一起，形成一个内容丰富的立体链接网。

四、信息搜索

随着互联网的发展，网络上的信息越来越多，内容也越来越广泛。要想在纷繁复杂、千变万化的信息中迅速而准确地获取所需要的信息，如果没有专门的搜索工具，任何人都只能望而却步。搜索引擎其实也是一个网站，它是专门提供信息检索服务的网站。目前比较常用的搜索引擎有百度、好搜、雅虎、搜狗、必应等。其中百度是全球最大的中文搜索引擎之一，也是目前使用非常广泛的一种搜索引擎。虽然搜索引擎可以帮助用户在互联网上找到特定的信息，但同时也会返回大量无关的信息。如果使用一些技巧，就能使用尽可能少的时间找到用户所需要的信息。下面就以“百度”为例介绍一些使用搜索引擎的方法技巧。

(1) 简单搜索　就是输入关键词，单击“百度一下”按钮，即可显示查询结果。要注意搜索的结果并不一定十分准确，可能包含许多无用的信息。

(2) 精确搜索　就是给要查询的关键词加上双引号（半角）。搜索的结果是精确匹配的，且其顺序与输入的顺序一致。例如，在搜索引擎中输入“计算机网络应用”，在返回网页中会显示有“计算机网络应用”的所有网址，而不会返回含有诸如“计算机基础”“Word应用”之类的网页。

(3) 两个关键词的搜索　即关键词与关键词之间用空格分隔。例如，输入“海南 旅游”将获得比较准确的海南旅游有关的信息。

(4) 使用减号　即“-”，其作用是去除无关的搜索结果。例如，输入“教程-物理教程”，表示最后的查询结果中不包含“物理教程”的教程。

【实训要求】

① 启动IE浏览器，将新浪网站主页（http://www.sina.com.cn）设置为IE浏览器的主页。

② 设置临时文件磁盘空间大小为100MB，历史文件保存天数为10天，同时清除IE浏览器历史记录中的网页。

③ 浏览盘锦职业技术学院网站（http://www.pjzy.net.cn/）中的“学校概况”专栏中的“组织机构”子网页。

④ 将盘锦职业技术学院网站首页添加到IE浏览器的收藏夹中，然后通过收藏夹打开该网页。

⑤ 浏览盘锦职业技术学院网站主页，单击“学校概况”，打开“学院简介”子网页，将它以文本文件的格式保存到D盘根目录下，命名为“学院简介.txt”。

⑥ 打开“学校概况”中“学校标识”子页面，将“校徽”的图片保存在D盘根目录下，文件名为“校徽.jpg”。

⑦ 打开百度（http://www.baidu.com）搜索引擎，在网上搜索有关你本专业的知识，下载保存网页到D盘根目录下，文件名为“专业知识.htm”（网页，仅HTML类型保存）。

【操作指导】

1. 启动IE浏览器，设置为IE浏览器的主页

(1) 浏览器的启动　双击桌面上的IE图标，或者选择“开始”菜单中的“所有程序”中的“Internet Explore”命令，就可以启动IE浏览器。

(2) 设置IE浏览器的主页　通过选择“工具”菜单中的“Internet选项”命令，打开“Internet选项”对话框，在“常规”选项卡中进行设置，本例为将新浪网站（http://www.sina.com.cn）设置为浏览器主页，在“Internet选项”对话框的“主页”区域的文本框中直接输入http://www.sina.com.cn即可，如图3-2所示。

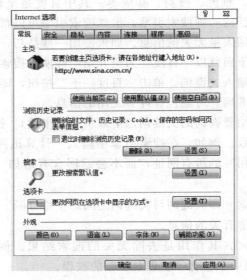

图 3-2　“Internet选项”对话框

点击“使用当前页”按钮，可将当前打开的网页设置为IE浏览器主页。单击“使用默认值”按钮，可将IE浏览器的主页恢复为默认。单击“使用空白页”按钮，可将空白页作为IE浏览器的主页。

设置好主页地址后，单击“确定”按钮关闭“Internet选项”对话框，而单击“应用”按钮会使之前所作的更改生效，但是不关闭“Internet选项”对话框，以便用户继续更改其他选项。

2. 清除 IE 浏览器历史记录中的网页

IE 浏览器会自动将浏览过的网页按照日期的先后保留在历史记录中。历史记录保留天数的长短可以设置，如果磁盘空间大，保留天数可以多些，否则可以少一些。用户也还可以随时删除历史记录。

（1）设置临时文件磁盘空间　单击“Internet 临时文件”中的“设置”按钮，打开“Internet 临时文件和历史记录设置”对话框，在“要使用的磁盘空间”中输入数值“100”即可。

（2）修改历史记录当中网页保存天数　单击“设置”按钮，打开“Internet 临时文件和历史记录设置”对话框，在数值框中输入“10”或单击数字微调按钮进行调整即可，如图 3-3 所示。

（3）清空历史记录中的网页　单击“Internet 选项”对话框中的“浏览历史记录”，点击“删除”按钮，在弹出的“删除浏览的历史记录”对话框当中选择需要删除的内容后单击“删除”按钮，就可以将保存在历史记录里的网页地址表单等全部删除，如图 3-4 所示。

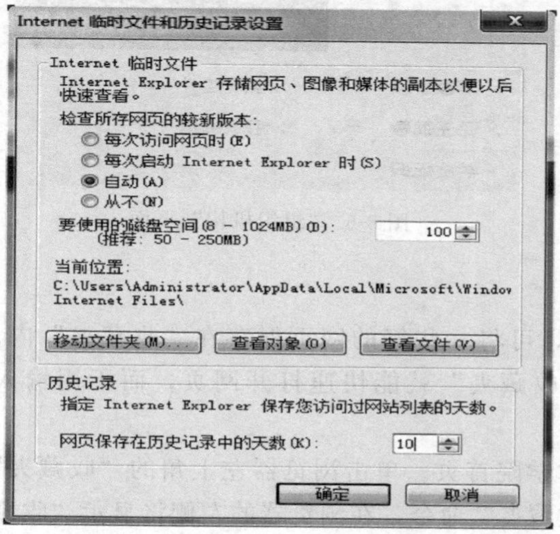

图 3-3　“Internet 临时文件和历史记录设置”对话框

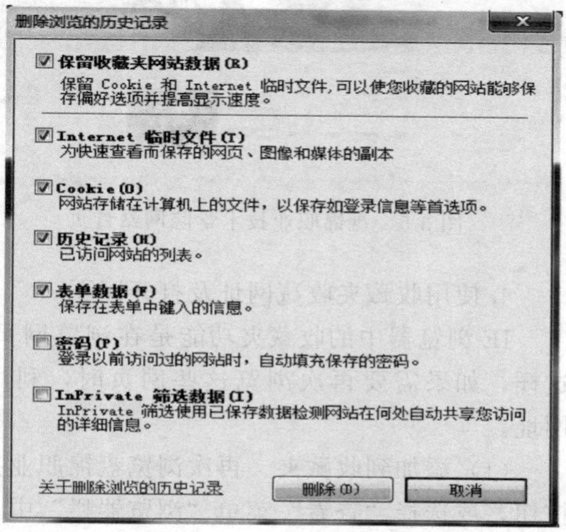

图 3-4　“删除浏览的历史记录”对话框

在选择删除文件类型时：

① 选中“Internet 临时文件”复选框，表示清除 Internet 临时文件。Internet 临时文件是 IE 浏览器为了加快网页访问速度，在本地硬盘中保存的一些访问过的网页记录。

② 选中“Cookies”复选框，表示清除 Cookies 文件。Cookies 文件记录着上网者登录某网站时输入的个人资料，很容易造成个人隐私的泄露。注意：清除 Cookies 文件后，打开某些网页时便不能自动登录该网站。

③ 选中“表单数据”和“密码”复选框，表示清除先前记录的曾经在网页中输入过的文本和密码等。

3. 浏览 Web 网页

浏览器的一个主要功能就是通过 IE 浏览器浏览 Internet 上的网页以获取信息。启动 IE 浏览器后，有两种方法可以查看指定的网页，一种是在地址栏中输入网页地址，另一种是用超级链接的方法直接点选。

通过超级链接打开网页是浏览网页的主要方式。将鼠标指针移至网页上的文字、图片等项目，如果鼠标指针变成手形，表明是超级链接，这时单击鼠标左键就可以转到该链接指向的网页。

(1) 输入网页地址　在IE地址栏中输入盘锦职业技术学院网站的URL地址 http://www.pjzy.net.cn/，点击回车键，即可进入盘锦职业技术学院网站首页，如图3-5所示。

(2) 超级链接方式　首先将鼠标移至盘锦职业技术学院网站首页中“学校概况”专栏中“组织机构”，鼠标指针变成手形，单击鼠标左键进入到“组织机构”页面，如图3-6所示。

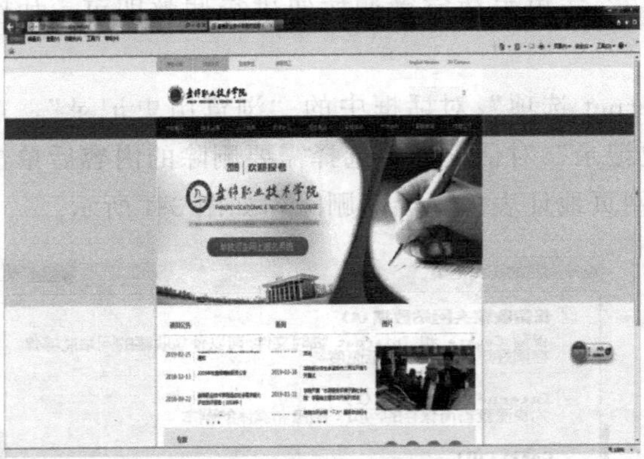

图 3-5　盘锦职业技术学院网站首页

图 3-6　“组织机构”页面

4. 使用收藏夹收藏网址及打开网页

IE浏览器中的收藏夹功能是在浏览网页时，可将一些好的网页保存在“收藏夹”内。这样，如果需要再次浏览这些网页时，利用“收藏夹”就能快速打开网页，而不用输入网址。

(1) 添加到收藏夹　再次浏览盘锦职业技术学院首页。单击浏览器左上角的“收藏夹”按钮，或选择“查看”菜单“浏览器栏”中“收藏夹”命令，在浏览器的左侧将显示“收藏夹”窗格，单击窗格中“添加到收藏夹”按钮，在展开的窗格中单击“添加到收藏夹”按钮右侧的三角按钮，在展开的列表中选择“添加到收藏夹”选项。输入网页的名称，如图3-7所示。单击“添加”按钮，可将网页保存到收藏夹的根目录下。此时可在“收藏夹”窗格中看到收藏的网页。

如果收藏网站较多，可以新建一个文件夹，为分类存放收藏的网页，方便查看。单击“创建”按钮返回“添加收藏”对话框。单击“添加”按钮，这样便将网页收藏到了新建的“新闻”文件夹中，如图3-8所示。

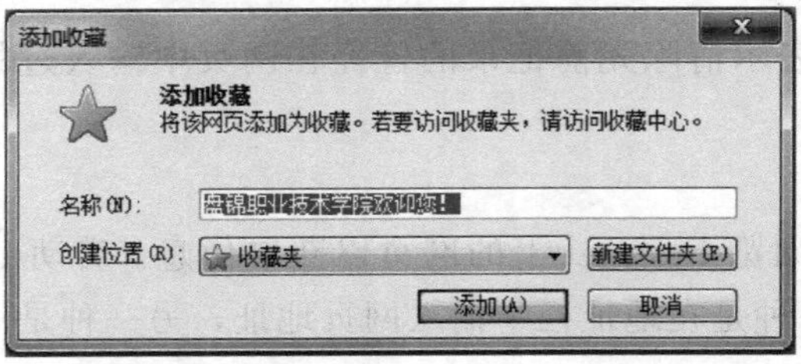

图 3-7　添加到收藏夹

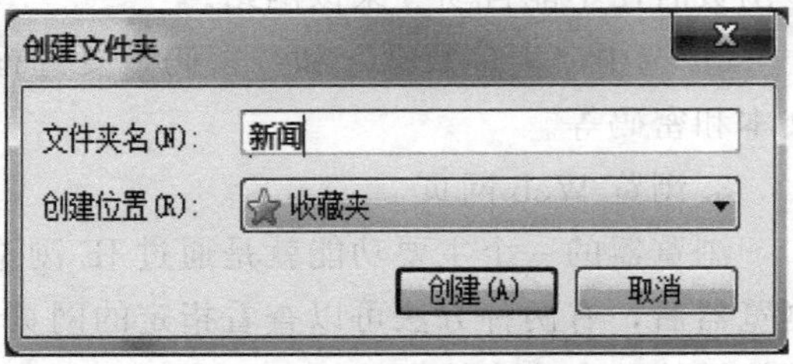

图 3-8　创建“新闻”文件夹

可使用同样的方法，将其他网页分类收藏到收藏夹中。如果需要的文件夹已存在，可不必新建文件夹，而直接在“添加收藏”对话框的“创建位置”下拉列表中选择需要的文件夹，然后单击“添加”按钮。

注意：为新建的文件夹取名时，最好根据收藏的网页类型来取。

（2）通过收藏夹打开网页　如果想使用收藏夹打开盘锦职业技术学院的网页，可单击“收藏夹”按钮，在展开的窗格的“收藏夹”选项卡中单击收藏网页的文件夹，然后再单击“盘锦职业技术学院欢迎您”，就可以打开盘锦职业技术学院的主页，如图 3-9 所示。

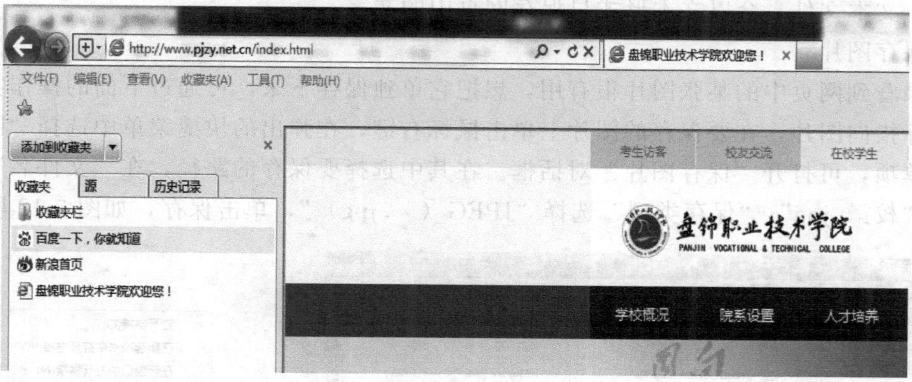

图 3-9　通过收藏夹打开网页

（3）使用历史记录打开网页　选择“查看”菜单中“浏览器栏”下的“历史记录”命令，在浏览器窗口的左侧将显示“历史记录”窗格，其中包含了几天或几周前访问过的 Web 站点列表。单击今天日期，在显示该日期访问的站点列表中，单击盘锦职业技术学院首页的网站，就可以在浏览器中进行浏览了，如图 3-10 所示。

图 3-10　使用历史记录打开网页

5. 保存网页

在盘锦职业技术学院的主页中，进入“学院简介”子页面，然后选择“文件”菜单中“另存为”命令，打开“保存网页”对话框，选择保存文件的路径，在“文件名”文本框中输入文件名，在“保存类型”下拉列表框中选择“文本文件”，单击“保存”按钮即可将网页保存，如图 3-11 所示。

(1) 网页，全部　保存后，会产生一个 HTML 网页文件和一个文件夹。双击 HTML 文件可打开保存的网页。

(2) Web 档案，单一文件　会把网页上的所有元素，包括文字和图片集成保存在一个 mht 类型的文件中。保存后，双击 mht 文件便可以打开网页。

(3) 网页，仅 HTML　当对网页上的图片不重视的情况下，可以采用这种形式保存。

(4) 文本文件　会以文本形式只保存网页中的文字。

6. 保存图片

如果看到网页中的某张图片很有用，想把它单独保存下来，可通过下面的操作实现：首先将光标指向图片，在要保存的图片上单击鼠标右键，在弹出的快捷菜单中选择“图片另存为”菜单项，可打开“保存图片”对话框。在其中选择要保存的路径，在“文件名”文本框中键入“校徽.jpg”，“保存类型”选择“JPEG（*.jpg）”，单击保存，如图 3-12 所示。

图 3-11　保存网页

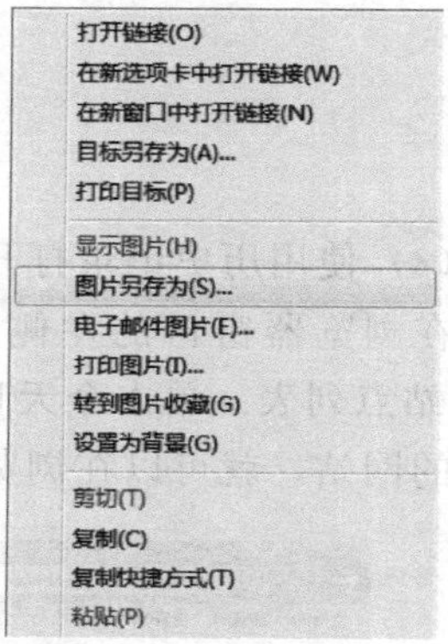

图 3-12　保存图片

7. 使用搜索引擎

在 IE 浏览器的地址栏中输入搜索引擎网址 http://www.baidu.com 打开百度主页，然后在中间的编辑框中输入搜索关键词，单击相关按钮后即可打开搜索结果页面，单击某一链接，即可打开相关网页阅读相关信息，保存网页即可。

通过搜索引擎搜索出来的网页鱼龙混杂，在为用户带来方便的同时，也隐藏着一定的风险。此时可以使用网址导航，即只检索在各领域比较著名的站点。

提供网址导航的网站很多，如“hao123”“搜狗网址导航”“360 导航”等，它们会及时收录各类优秀网站，以及提供各类实用的服务。单击网站名称超链接即可打开相应网站的主页，如图 3-13 所示。

【模仿项目】

① 练习浏览器的使用，保存自己需要的网页、图片等内容。

② 通过 Internet 选项设置完成对自己电脑 IE 浏览器的常用设置。

③ 访问百度等搜索引擎，搜索自己需要的多媒体资源，图片、音乐、电影等。

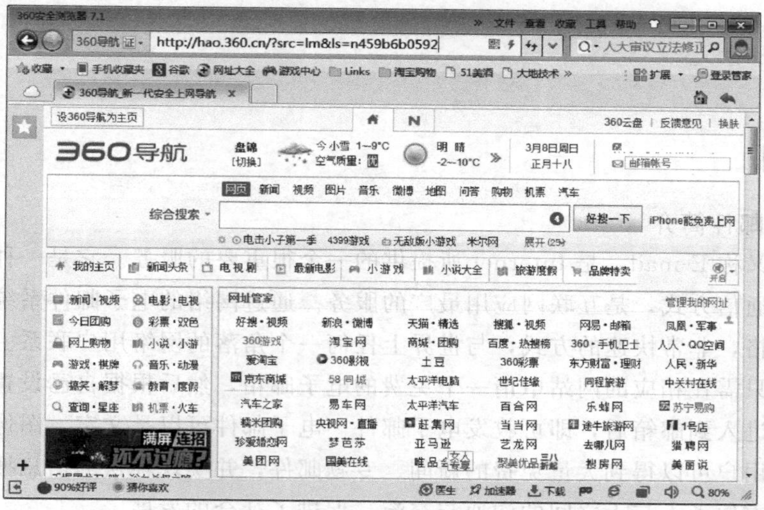

图 3-13　360 导航

实训项目六　电子邮件的使用

实训目的

1. 熟练掌握免费电子邮箱申请与使用方法；
2. 熟练掌握 Outlook Express 的设置与使用方法。

实训内容

实训项目六　任务单

实训标题	电子邮件的使用		任课教师	
班级		学号	姓名	
学习情境	向老师发送带附件的邮件			
课前预习	了解电子邮件的功能和邮箱格式，申请一个电子邮箱			
课堂学习	1. 问答：电子邮件的功能和邮箱的格式。 2. 学生操作：打开个人电子邮箱，将同桌和老师的邮箱添加到通讯录中。 3. 发送电子邮件：在 Outlook Express 中设置已申请邮箱地址，同时给老师和同桌发送电子邮件，写明主题，添加附件，附件内容是上次课保存的“Office 2010 简介.htm”。 4. 完成实训项目六			
单元掌握情况	□90%以上　□80%～90%　□60%～80%　□40%～60%　□低于 40%			
课后任务（含下单元预习内容）	接收老师回复的电子邮件，按要求查阅资料，了解 Word 2010 的功能和界面组成			
单元学习内容总结				

实训指导 ▶▶▶

【知识链接】

一、电子邮件简介

电子邮件又称 E-mail，是 Internet 所提供的一个很重要的服务。它是一种用电子手段提供信息交换的通信方式，是互联网应用最广的服务。通过网络的电子邮件系统，用户可以用非常低廉的价格，非常快速的方式，与世界上任何一个角落的网络用户联系。用户需要使用电子邮件时，只需在相应的网站申请一个免费的电子邮箱，然后根据自己设置的用户名和邮箱密码，登录进入到邮箱后，即可收发电子邮件。电子邮件可以是文字、图像、声音等多种形式。同时，用户可以得到大量免费的新闻、专题邮件，并实现轻松的信息搜索。电子邮件的存在极大地方便了人与人之间的沟通与交流，促进了社会的发展。

1. 电子邮件地址

电子邮箱是邮件服务器上面的一块存储空间。阅读电子邮件是从邮件服务器上把邮件“取回”到自己的计算机中，发送邮件则是把自己计算机上的邮件“投送”到邮件服务器中。电子邮件地址如真实生活中人们常用的信件一样，有收件人姓名、收件人地址等。

其结构是：用户名@主机域名。

用户名：这并不是用户的真实姓名，而是用户在服务器上的信箱名。通常用户名要求6～18个字符，包括字母、数字和下划线等。用户名通常以字母开头、字母和数字结尾，并且不区分大小写。

分隔符“@”：@是英文 at 的意思，该符号将用户名与域名分开。

主机域名：主机域名是指提供电子邮件服务网站的域名。

例如，123456@qq.com 就是一个 QQ 邮箱，它使用腾讯的邮件服务器来收发电子邮件。

2. 电子邮件的格式

电子邮件是由信头和信体两个基本部分组成的。信头就是信封，信体就是信件的内容。

(1) 信头中通常包括的内容　信头主要包括以下三方面内容。

① 收件人：是指收件人的 E-mail 地址。如果需要将一封邮件发送给多个人时，可以输入多个收件人的电子邮件地址，中间用“分号”隔开。

② 抄送：表示可以同时接到此电子邮件的其他的 E-mail 地址。

③ 主题：是对主题内容的概括描述，可以是一句话，也可以是一个主题词。让收信人一看就知道邮件的作用和主要内容。

(2) 信体　信体就是希望收件人看到的内容，同时可以包含附件内容。

① 正文：是邮件的具体内容。电子邮件的正文一般不像现实中的信件一样正式，可以是一两句简单的话。

② 附件：平常我们发送电子邮件时一般全部是文字信息，内容里不包含图片、视频、语音等多媒体信息。如果需要发送图片、视频文件或者一些大型的压缩文件时，因为邮件里面会限制大小，这些就超出了限制发送不出去，所以就用附件形式，便于用户发送更大型的文件信息。

二、电子邮件传输协议

电子邮件是 Internet 的一个基本服务。通过电子邮件，用户可以方便、快速地交换信息、查询信息。Internet 的电子邮件系统遵循的协议主要有三个，即 SMTP、POP3 和 IMAP 协议标准。

SMTP 通常用于把电子邮件从客户机传输到服务器。

POP3 是把邮件从电子邮箱中传输到本地计算机的协议。

IMAP 主要负责底层的邮件系统将邮件从一台机器传至另外一台机器。

用户使用电子邮件软件设置发送和接收服务器地址时，应根据 ISP 提供的 SMTP 和 POP3 邮件主机域名或 IP 地址设置。

三、电子邮件工作方式

用户通过计算机网络收发电子邮件，目前有两种方式：一种方式是通过 POP3 协议，使用专用电子邮件客户端应用程序将邮件接收到本地计算机上查看，发送时则先在本机上写好邮件，再通过 SMTP 协议将邮件直接发送到邮件服务器上，目前，该类电子邮件客户端应用程序种类很多，如 Windows 系统自带的 Outlook Express、Microsoft Outlook 2010 软件、Foxmail 软件等；另一种方式是使用浏览器访问提供电子邮件服务的网站，在其网页上直接收发电子邮件，如网易、腾讯等网站。两种方式各有优缺点。

【实训要求】

① 访问 Web 网站，申请一个免费电子邮箱，地址样式为 teacher _ sunyang@163. com 的电子邮箱，可以到网易、新浪等网站上申请。

② 通过新申请的电子邮箱创建一个新邮件发送给你的同学，除了收件人外，抄送给其他两名同学。邮件主题为“我的大学”，邮件正文内容为“盘锦职业技术学院”，并添加一幅图片作为附件。

③ 接收并阅读同学发送给你的邮件，并将附件文件下载保存到 D 盘根目录下。

④ 练习使用电子邮箱进行转发邮件、删除邮件等功能的操作。

⑤ 在 Outlook Express 中完成邮件地址设置和邮件收发。

【操作指导】

一、使用 Web 方式收发电子邮件的操作

在 Internet 上，有很多网站提供免费使用 E-mail 的服务。用户只要登录到这些网站，填好申请表，就可以使用它。不同的网站提供的电子免费邮箱大小不同，但大都支持 POP3、邮件转发、邮件拒收条件设定功能。本实训以网易邮箱为例，演示邮箱的申请和使用。下面介绍如何在网上申请免费的 E-mail。

1. 申请 163 免费电子邮箱

在 www. 163. com 网站上申请一个邮箱地址样式为 teacher _ sunyang@163. com 的电子邮箱。具体操作步骤为：

① 双击桌面上的 IE 图标，启动 IE 浏览器，在地址栏中键入该 Web 网站的地址，登录到 www. 163. com 网站，找到网站首页上“注册免费邮箱”的链接，如图 3-14 所示。

② 单击该链接，并打开免费电子邮箱的注册界面，根据界面提示输入个人信息。屏幕

图 3-14 “注册免费邮箱”的链接

下方出现免费邮箱的服务条款，阅读后单击“同意”，完成注册界面的填写，如图 3-15 所示。

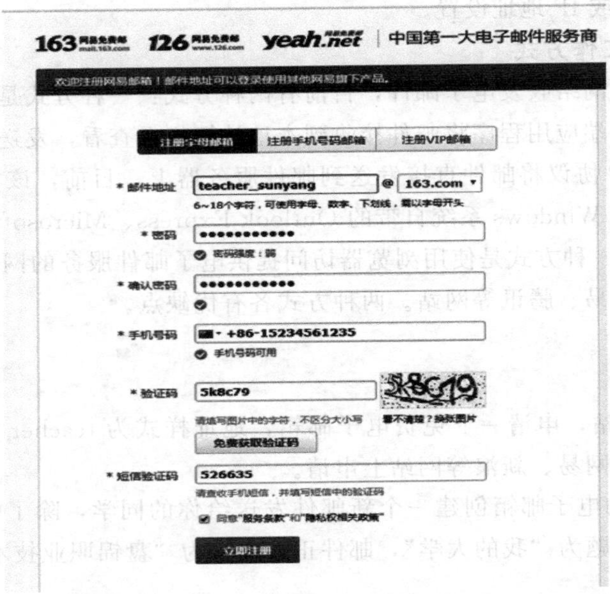

图 3-15 注册电子邮箱的界面

③ 点击“立即注册”激活邮箱，如果为了避免申请时出现用户名占用的现象，用手机号作为邮箱名申请是一个不错的选择。激活后登录刚注册完的电子邮箱，如图 3-16 所示。

2. 用 IE 浏览器在网上发送电子邮件

使用邮箱地址为 teacher _ sunyang@163. com 邮箱给用户 pjzyjc1@163. com 发一封电子邮件，同时抄送给 pjzyjc2@163. com、pjzyjc3@163. com。邮件主题为“我的大学”，邮件正文内容为“盘锦职业技术学院”，并添加一幅图片作为附件。

申请到免费的电子邮箱后，就可以用它给别人发送电子邮件。在给他人发送电子邮件时，要知道收信人的电子邮箱地址。用 IE 浏览器在网上发送电子邮件的具体操作步骤为：

① 打开 www. 163. com 网站的主页，找到主页中的“免费邮箱”链接，并打开该链接，进入到 163 免费邮箱的登录界面，输入邮箱的用户名和密码，并单击“登录”按钮，如图 3-17 所示。

② 单击邮箱账户位置，显示下拉菜单，其中有“我的邮箱”，如图 3-18 所示。

图 3-16　进入到邮箱界面

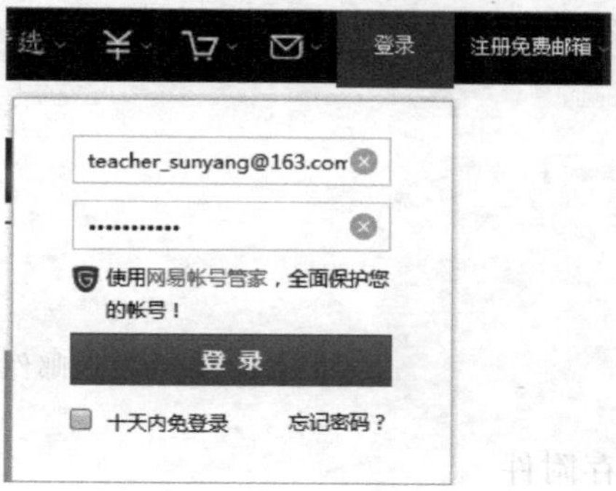

图 3-17　163 免费邮箱的登录界面

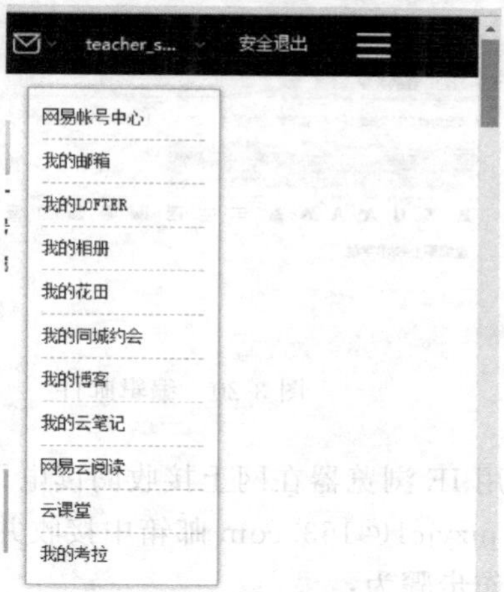

图 3-18　登录电子邮箱

③ 单击进入“我的邮箱”即可进入到 teacher _ sunyang@163. com 电子邮箱，如图 3-19 所示。

④ 进入到邮箱后，单击邮箱中的“写信”按钮，进入写信界面后，可直接编写邮件，在“收件人”文本框中输入收件人的邮箱地址“pjzyjc1@163. com”（邮箱的地址可以是自己的，也可以是别人的，如果一封邮件要发送给多人，多个邮箱中间用“；”隔开）。点击“抄送”按钮，将地址“pjzyjc2@163. com”和“pjzyjc3@163. com”添加到“抄送人”文本框中。在“主题”文本框中输入信件的主题“我的大学”，点击“添加附件”将图片添加到附件中，将附件文件通过电子邮件一起发送。在“正文”文本框中输入信件的内容“盘锦职

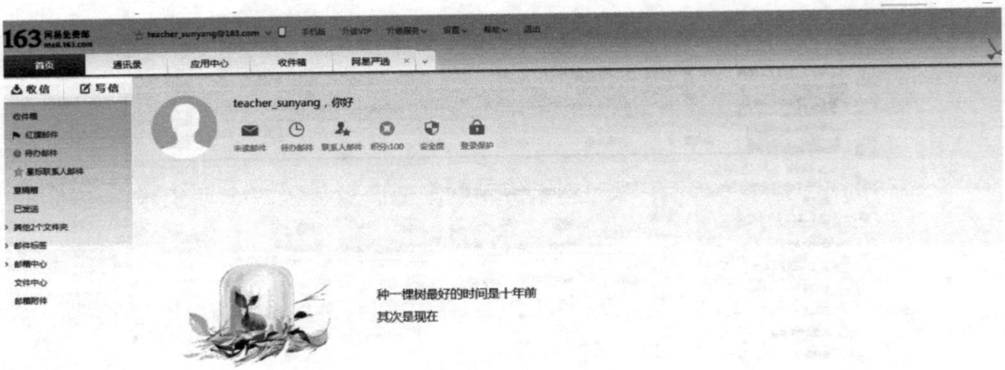

图 3-19　邮箱界面

业技术学院”，如图 3-20 所示。

⑤ 邮件编辑完成检查无误后，单击发件人上方的“发送”按钮，出现如图 3-21 所示的发送成功提示。

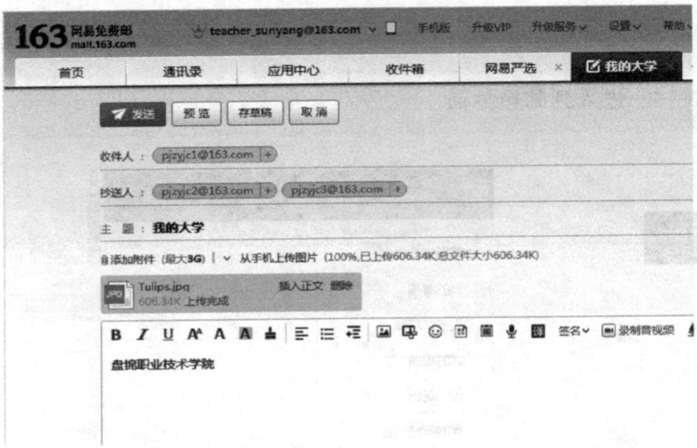

图 3-20　编辑邮件

图 3-21　成功发送邮件

3. 用 IE 浏览器在网上接收阅读电子邮件并保存附件

在 pjzyjc1@163. com 邮箱中接收并查看电子邮件，并将附件文件下载到 D 盘根目录下。具体操作步骤为：

① 首先成功登录并进入 pjzyjc1@163. com 邮箱，在邮箱中单击“收信”的“收件箱”按钮，主窗口显示收到邮件，如图 3-22 所示。

② 进入“收件箱”后，单击想要查看的邮件，即可查看相应的邮件，如图 3-23 所示。

③ 选中附件中的图片，点击“下载”将图片保存到 D 盘根目录下，如图 3-24 所示。

4. 练习使用电子邮箱进行转发邮件、删除邮件等功能的操作

① 转发邮件：如果想将收到的邮件发送给他人，可以单击邮件上方的“转发”按钮，进入转发邮件编辑页面。转发邮件时必须指定“收件人”电子邮箱地址。其中“发件人”和“主题”都已有默认值，可以更改“主题”。

② 删除邮件：单击邮件上方的“删除”按钮可以将邮件移动到“已删除”文件夹中，这时邮件还可以恢复。如果想彻底删除邮件，要在“已删除”文件夹中选中该邮件，单击

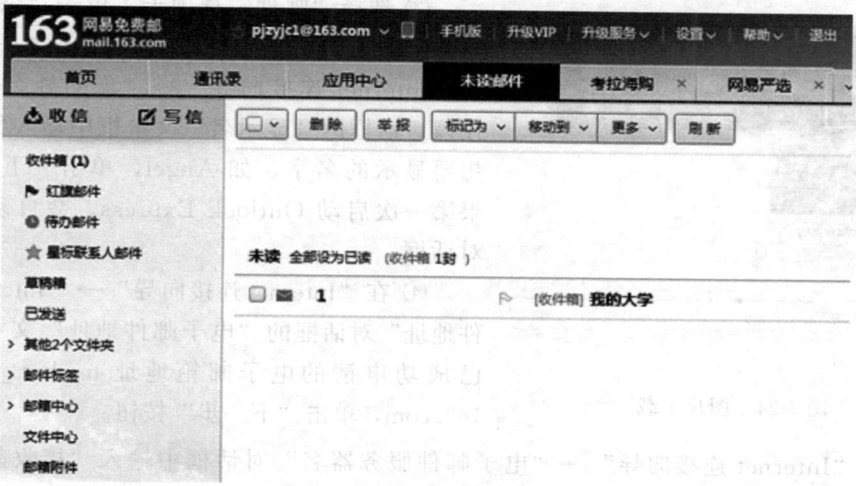

图 3-22　收件箱界面

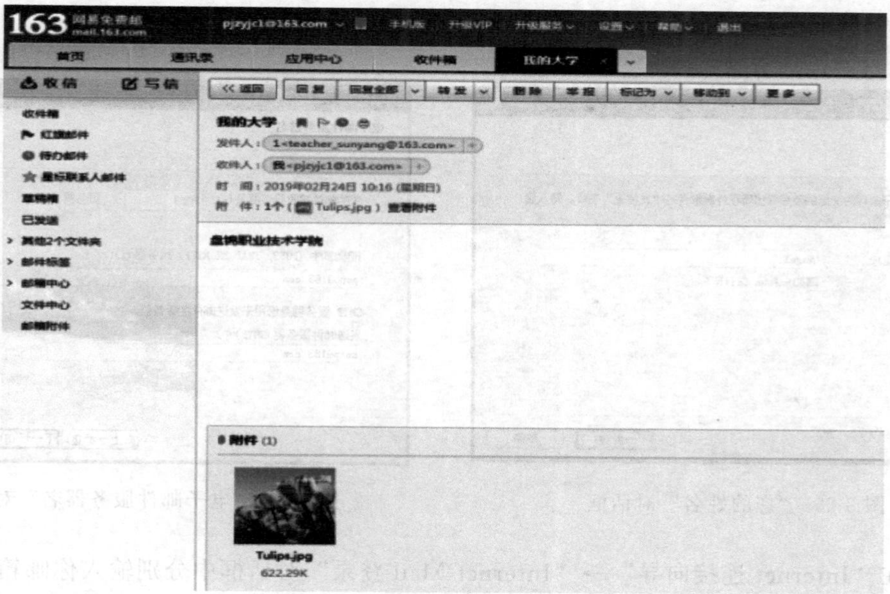

图 3-23　查看邮件

“删除”按钮，系统会提示“如果删除，这些邮件将无法恢复，您确定吗?”，单击“确定”按钮即可彻底删除该邮件。

二、 使用 Outlook Express 收发电子邮件

1. 在 Outlook Express 程序中设置已申请的电子邮件地址

需要先在 Outlook Express 中设置电子邮件地址和收发邮件服务器，才能在 Outlook Express 中收发邮件。

① 点击“开始”菜单中“所有程序”选择“Outlook Express”，启动 Outlook Express 程序。

② 在 Outlook Express 窗口中选择“工具”菜单中“账户”，打开“Internet 账户”对话框。

图 3-24　图片下载

③ 选择“邮件”选项卡，单击“添加”按钮，在弹出的菜单中选择“邮件”，打开如图 3-25 所示的“Internet 连接向导”→“您的姓名”对话框，在该对话框的“显示名”文本框中输入你在邮件中想要显示的名字，如 Angel，单击“下一步”。如果第一次启动 Outlook Express，会自动弹出这个对话框。

④ 在“Internet 连接向导”→“Internet 电子邮件地址”对话框的“电子邮件地址”文本框中输入已成功申请的电子邮箱地址 teacher_sunyang@163.com，单击“下一步”按钮。

⑤ 在“Internet 连接向导”→“电子邮件服务器名”对话框中输入“接收邮件服务器（POP3）”地址、“发送邮件服务器（SMTP）”地址，如图 3-26 所示。然后单击“下一步”按钮。不同邮件服务器其地址也是不相同的，例如 163 电子邮箱分别为“pop3@163.com”和“smtp@163.com”。

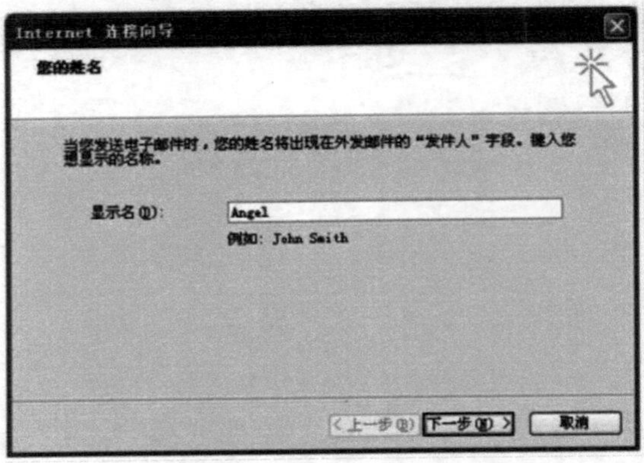

图 3-25　“您的姓名”对话框

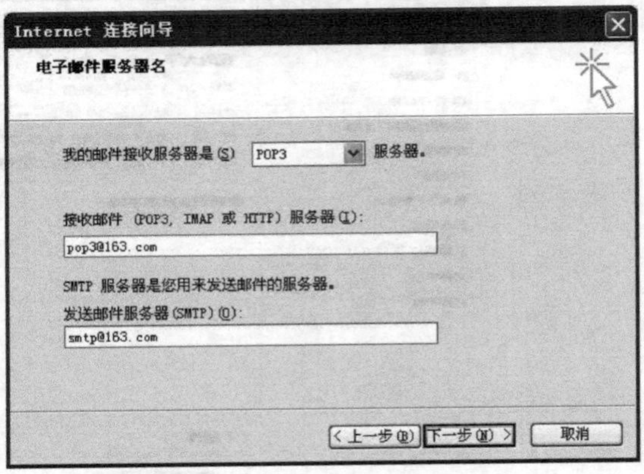

图 3-26　“电子邮件服务器名”对话框

⑥ 在“Internet 连接向导”→“Internet Mail 登录”对话框中分别输入你邮箱的账户名称（即邮箱地址中@符号前的用户名）和邮箱密码，然后单击“下一步”按钮，最后单击“完成”按钮返回到“Internet 账户”对话框。账户名默认已经输入。如果不输入密码，以后每次收发信时都会提示输入密码。

2. 在 Outlook Express 中发送新邮件

① Outlook Express 程序窗口中，选择“文件”菜单中“新建”下的“邮件”命令，弹出“新邮件”对话框。

② 在新邮件中输入收件人以及抄送人电子邮箱地址、邮件主题、邮件正文内容，并且添加校徽图片作为附件，如图 3-27 所示。

③ 邮件编写完成后，单击“发送”按钮，将该邮件放入“发件箱”中。

④ 选择“工具”菜单中“发送和接收邮件”的“发送全部邮件”命令，立即发送“发件箱”中全部邮件。

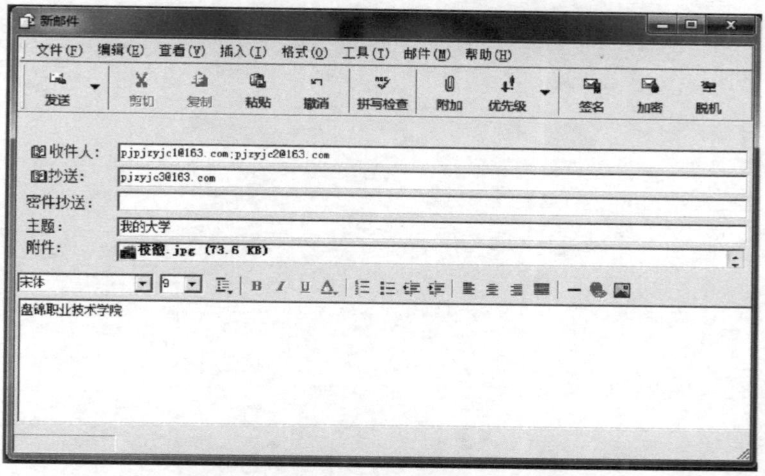

图 3-27 “新邮件”对话框

3. 在 Outlook Express 中接收邮件

① 在 Outlook Express 程序窗口中，选择“工具”菜单下的“接收全部邮件”命令，进行邮件的接收操作。

② 在“收件箱”列表中单击某个邮件主题，其下方即显示出该邮件的详细信息及邮件内容，如图 3-28 所示。

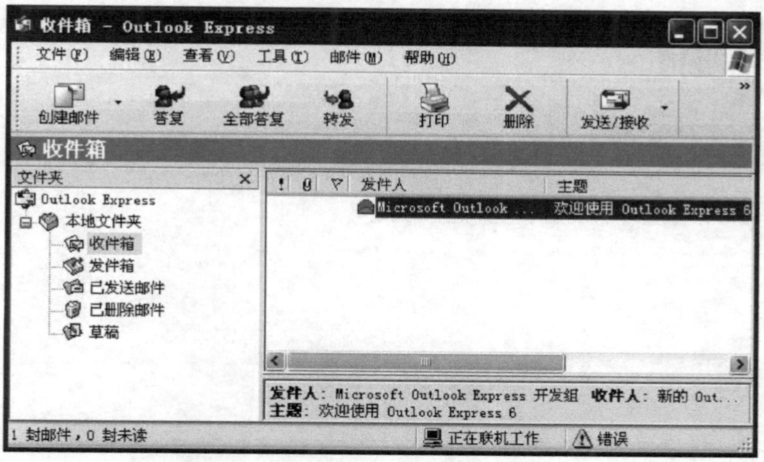

图 3-28 “收件箱”窗口

【模仿项目】

① 登录你申请的邮箱，创建一个新邮件，向你的本班同学发送一封电子邮件，把你在学校的情况告诉他（她），并在附件里附上一张你最近在学校的生活照。

② 打开自己的邮箱，接收电子邮件，阅读后回复发件人。

行动领域 2

Office办公应用

模块4

文字处理Word 2010

无论在何种视觉媒体中，文字和图片都是其两大构成要素。文字排列组合的好与坏，直接影响着版面的视觉效果。因此文字排版是增强视觉效果、提高作品的表现力、赋予版面审美价值的一种重要构成技术。Word 2010 是 Microsoft 公司开发的 Office 2010 办公组件之一，主要用于文字处理工作。Microsoft Word 2010 提供了世界上最出色的功能，其增强后的功能可创建专业水准的文档，用户可以更加轻松地与他人协同工作，并可以在任何地点访问自己的文件。

实训项目七　Word 2010 文档制作

实训目的

1. 掌握 Word 启动、新建文档、输入文本、保存文档；
2. 掌握打开文档的方法，并进行文档内容的编辑；
3. 掌握文档内容的查找和替换的操作方法；
4. 掌握移动和复制文本内容的操作方法；
5. 掌握页面设置的操作方法。

实训内容

实训项目七　任务单

实训标题	Word 2010 文档制作			任课教师	
班级		学号		姓名	
学习情境	Word 2010 文档的录入和页面设置				
课前预习	Word 2010 的功能，创建、打开、关闭和保存等基本操作				
课堂学习	1. 问答：Word 2010 的功能。 2. 讨论并演示：Word 2010 的新建、打开、关闭、保存的方法。 3. 练习：文本的选择方式，字词、行、段落、连续和不连续的文本，全选等；文档页面属性的设置；查找和替换，撤消和恢复。 4. 完成实训项目七				
单元掌握情况	□90%以上　□80%～90%　□60%～80%　□40%～60%　□低于 40%				
课后任务（含下单元预习内容）	了解开始选项卡中“字体”和“段落”区域常用按钮的功能				
单元学习内容总结					

实训指导 ▶▶▶

【知识链接】

一、 Word 2010 创建文档，保存文档

1. 创建空白文档

可以通过“开始”菜单或者桌面的快捷方式启动 Word 2010，系统启动后，会自动创建一个空白文档。若用户需要再次创建新空白文档，可以点击“文件”菜单的“新建”命令中的“空白文档”或者按 Ctrl+N 组合键，如图 4-1 所示。

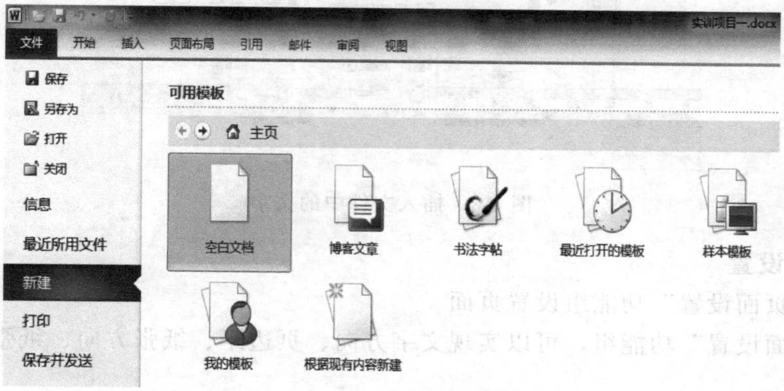

图 4-1 创建空白文档

2. 使用模板创建文档

除了通用型的空白文档模板之外，Word 2010 中还内置了多种文档模板，如博客文章模板、书法字帖模板等。另外，Office. com 网站还提供了证书、奖状、名片、简历等特定功能模板。借助这些模板，用户可以创建比较专业的 Word 2010 文档，如图 4-2 所示。

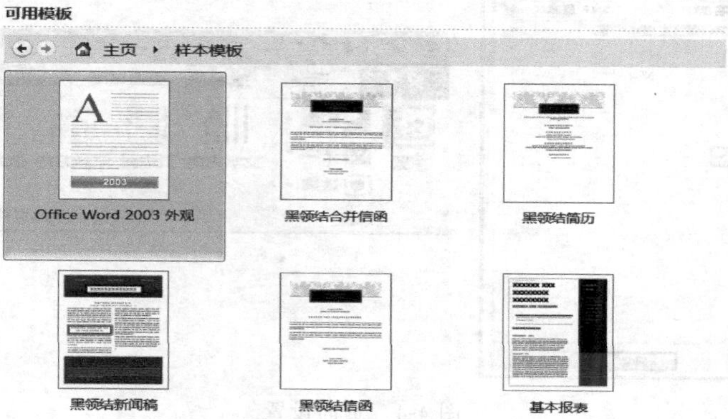

图 4-2 Word 2010 文档模板

3. 保存文档

需要保存文档时，点击“文件”菜单的“保存”命令或按 Ctrl+S 组合键。注意，首次保存时，Word 2010 将打开“另存为”对话框，指定保存文档的路径及文档名称。

Word 2010 具有自动保存并恢复的功能，当遇到停电或死机等情况导致 Word 2010 程序意外关闭时，再次启动 Word 2010，文档编辑窗口的左侧将出现“文档恢复”任务窗口，用户可进行恢复操作。

二、输入文本

① 启动 Word 2010 之后，即可在光标所在位置进行文字输入。在输入过程中如出现缺字或输入错误等现象，可随时进行更改。

② 当文字来自其他的文件时（如其他 Word 文件或文本文档），可以选择“插入”菜单“文本”组中的“文件中的文字”按钮，在弹出的对话框中选择对应的文件，即可完成文字输入，如图 4-3 所示。

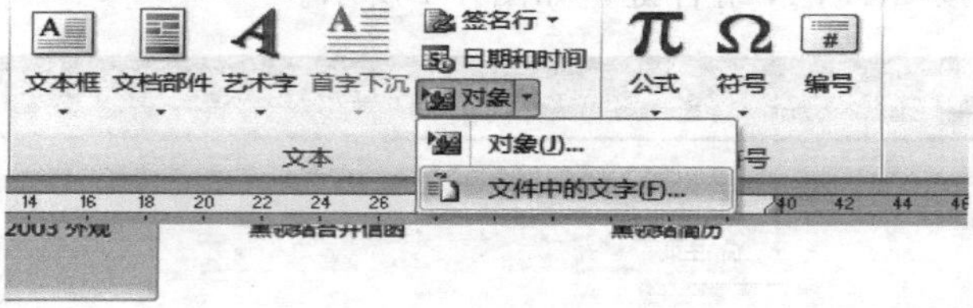

图 4-3　插入文件中的文字

三、页面设置

1. 利用“页面设置”功能组设置页面

利用“页面设置”功能组，可以实现文字方向、页边距、纸张方向、纸张大小、分栏等设置功能。

2. 利用“页面设置”对话框设置页面

利用“页面设置”对话框不仅可以完成“页面设置”功能组中的所有功能，用户还可以设置装订线、网格等其他设置项，如图 4-4 所示。

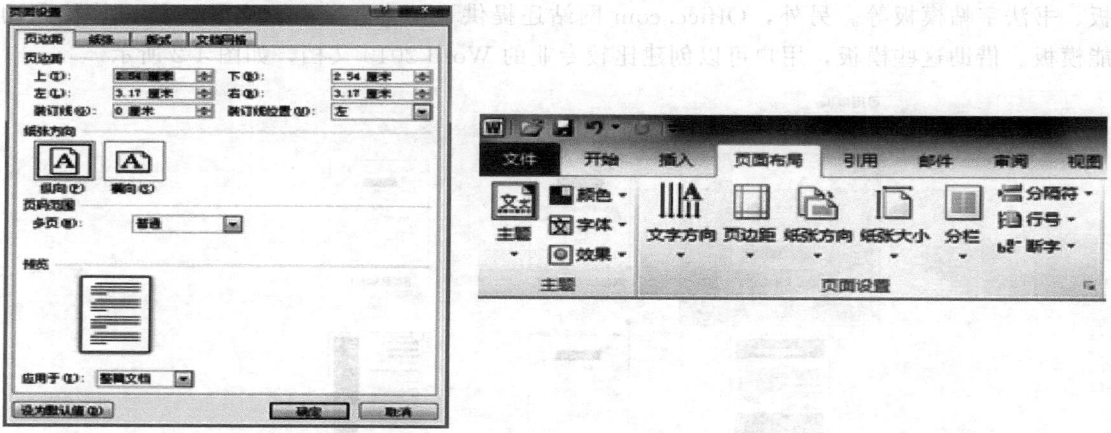

图 4-4　页面设置

四、设置字体格式

1. 利用“字体”功能组设置字体格式

选择文本后直接在“字体”功能组中单击相应按钮，或在展开的列表中选择相应选项，如图 4-5 所示。

2. 利用“字体”对话框设置字体格式

“字体”对话框不仅可以实现“字体”功能组中的所有功能，还能设置中文和西文字符的格式，以及阴影、阳文、空心等特殊效果，如图 4-6 所示。

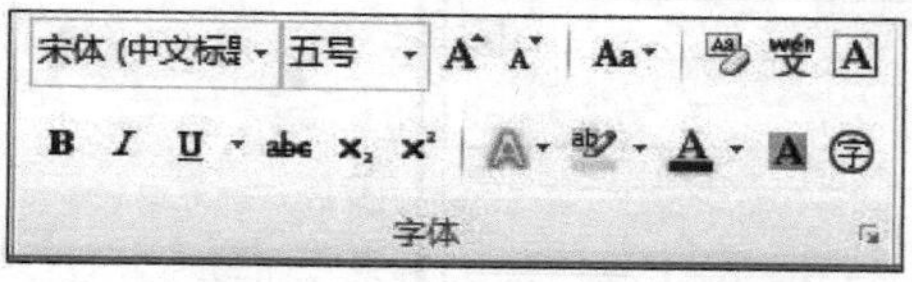

图 4-5 “字体”功能组

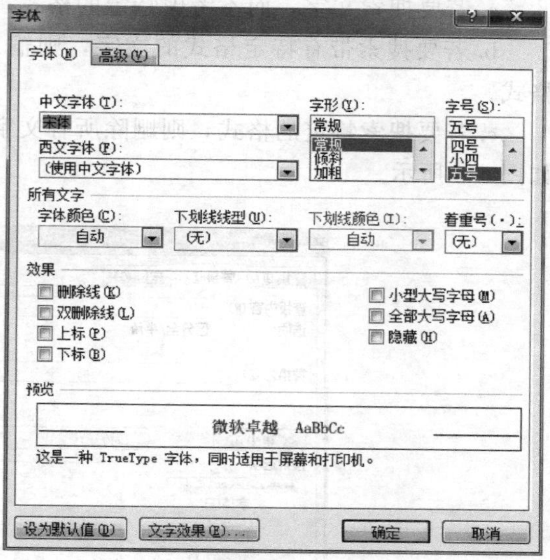

图 4-6 “字体”对话框

五、查找和替换功能

在 Word 中查找和替换功能，通常是用它来查找和替换文字，还可用它查找和替换格式、段落标记、分页符和其他项目，并且还可以使用通配符和代码来扩展搜索。

1. 查找和替换文字

Word 窗口“开始”页框下编辑功能区中的“替换”命令可以自动替换文字，例如将“改善”替换为“进步”，如图 4-7 所示。

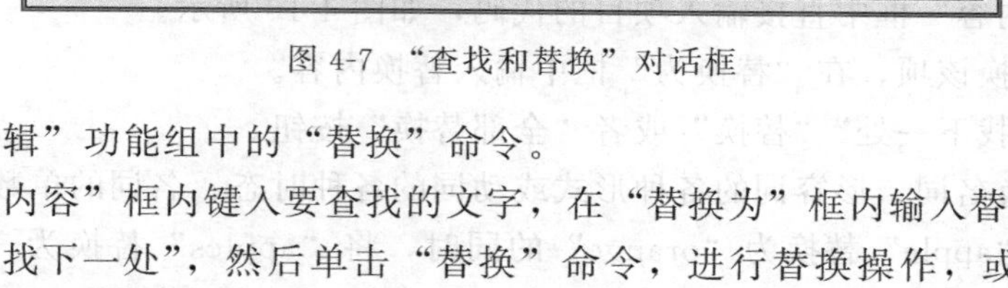

图 4-7 “查找和替换”对话框

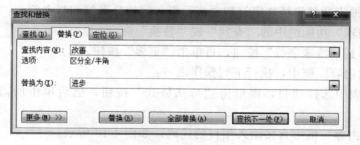

① 单击“编辑”功能组中的“替换”命令。

② 在“查找内容”框内键入要查找的文字，在“替换为”框内输入替换文字。

③ 单击“查找下一处”，然后单击“替换”命令，进行替换操作，或者单击“全部替换”按钮，对整篇文档进行替换操作。

2. 查找和替换指定的格式

例如，查找指定的单词或词组并更改字体颜色；或查找指定的格式（如加粗）并更改它。

① 在“编辑”功能组中，单击“替换”命令。

② 如果看不到“格式”按钮，单击“更多”按钮。

③ 在“查找内容”框中，执行下列操作之一：

a. 若要搜索文字，而不考虑特定的格式，则输入文字。

b. 若要搜索带有特定格式的文字，则输入文字，再单击“格式”按钮，然后选择所需格式。

c. 若要搜索特定的格式，则删除所有文字，再单击“格式”按钮，然后选择所需格式，如图 4-8 所示。

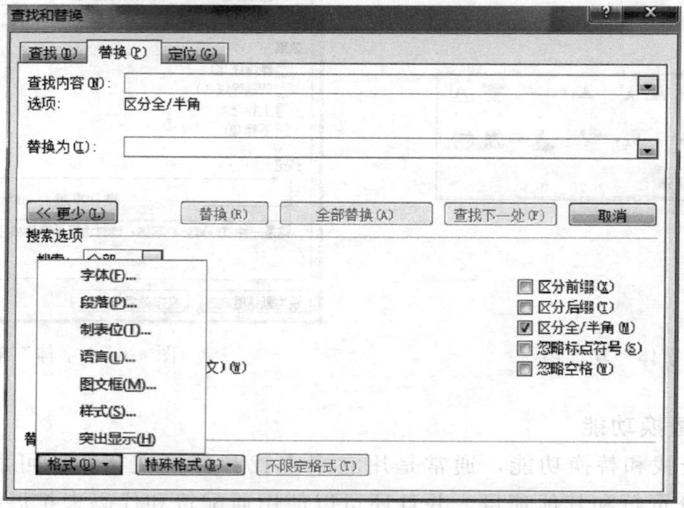

图 4-8 “查找和替换”对话框中的“格式”功能选项

④ 单击“全部替换”后，单击“关闭”。

3. 查找和替换段落标记、分页符和其他项目

可以方便地搜索和替换特殊字符和文档元素，例如分页符和制表符。

① 单击“编辑”功能组中的“查找”或“替换”命令。

② 如果看不到“特殊字符”按钮，可单击“更多”按钮。

③ 在“查找内容”框中，执行下列操作之一：

a. 若要从列表中选择项目，则单击“特殊格式”按钮，然后单击所需项目，如图 4-9 所示。

b. 在“查找内容”框中直接输入项目的代码，如图 4-10 所示。

ⅰ. 如果要替换该项，在“替换为”框中输入替换内容。

ⅱ. 单击“查找下一处”“替换”或者“全部替换”按钮。

4. 查找和替换名词、形容词的各种形式或动词的各种时态、名词的单数和复数形式

例如，在将“apple”替换为“orange”的同时，将“apples”替换为“oranges”；在将“worse”替换为“better”的同时，将“worst”替换为“best”，如图 4-11 所示。

5. 动词词根的所有时态

例如，在将“sit”替换为“stand”的同时，将“sat”替换为“stood”。

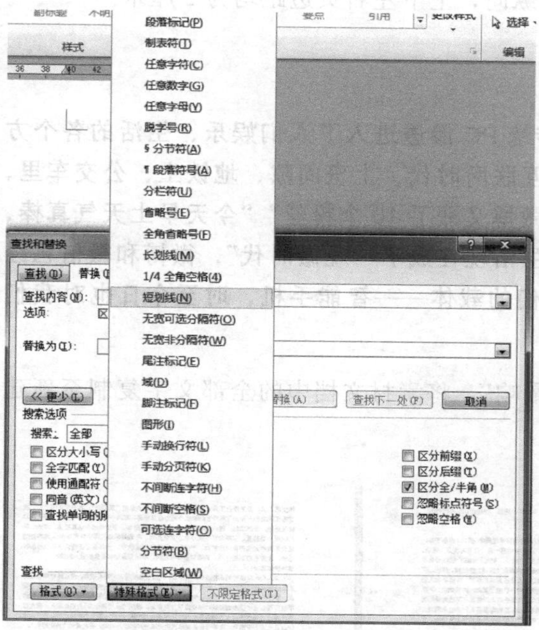

图 4-9 “特殊格式”功能选项

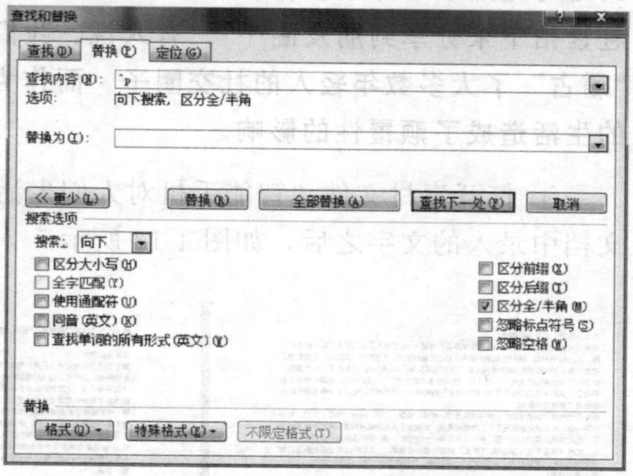

图 4-10 输入项目代码

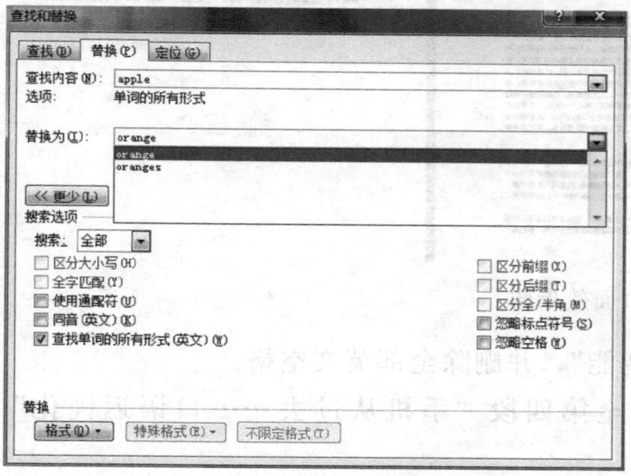

图 4-11 替换实例

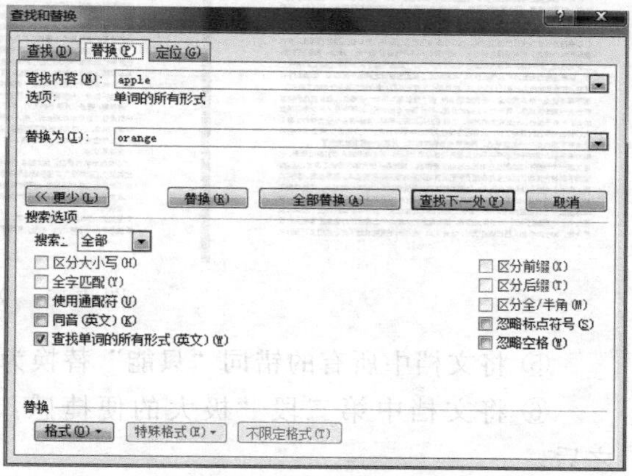

图 4-12 查找和替换的所有时态选项

① 单击“编辑”功能组中的“查找”或“替换”命令。

② 如果看不到“查找单词的所有形式”复选框，单击“更多”按钮。

③ 选中“查找单词的所有形式”复选框，如图 4-12 所示。

④ 在“查找内容”框中输入要查找的文字。

⑤ 如果要替换该文字，在“替换为”框中输入替换文字。

⑥ 单击“查找下一处”“替换”或者“全部替换”按钮。

【实训要求】

① 新建 Word 文档“学号＋姓名.docx”，并保存到 D 盘下。

② 页面设置：设置纸张大小为 A4，方向为纵向，上下左右页边距均为 2 厘米。

③ 在新建的文档中录入如下文字内容：

智能手机对人们生活的影响

随着科技的发展，智能手机已经开始逐步取代传统 PC 渗透进入了人们娱乐、生活的各个方面。从 2011 年开始，我们的生活开始步入移动互联网时代，上班间隙、地铁上、公交车里，到处可见人手一部手机，在不停地刷新。“我的微博又涨了 10 个粉丝”“今天早上天气真棒，赶紧拍下来分享到朋友圈…”，有人说，我们的生活现在成了“观微时代”，微博和微信已经“霸占”了大多数年轻人的社交圈子。而作为它们的载体——智能手机，时至今日也对我们的生活造成了颠覆性的影响。

④ 打开素材文件“智能手机对人们生活的影响”，将素材文档中的全部文字复制至新建文档中录入的文字之后，如图 4-13 所示。

图 4-13　文档页面效果图

⑤ 将文档中所有的错词“只能”替换为“智能”，并删除全部英文空格。

⑥ 将文档中第三段“极大的便捷感：”移至第四段“手机从过去……口语迟钝化”之后。

⑦ 将编辑后的文档进行保存操作。

【操作指导】

一、创建 Word 2010 文档

有以下两种方法。

方法一：在“开始”菜单中启动 Word 2010，点击“保存”按钮，在“另存为”对话框中，将文件命名为“学号＋姓名”，保存类型为“Word 文档（＊. docx）”，并将保存路径更改为“D 盘”。

方法二：打开 D 盘，在窗口空白处单击鼠标右键，在“新建”菜单中选择“Microsoft Word 文档”，将文档更名为“学号＋姓名. docx”。

二、页面设置

方法一：打开“页面设置”对话框，在“纸张”选项卡中，选择纸张大小为 A4。在“页边距”选项卡中设置页边距和纸张方向，如图 4-14 所示。

方法二：在“页面布局”菜单中的“页面设置”功能组中进行相应的设置，该方法操作简便，用户在进行 Word 操作时，近来只用这种方法进行操作。

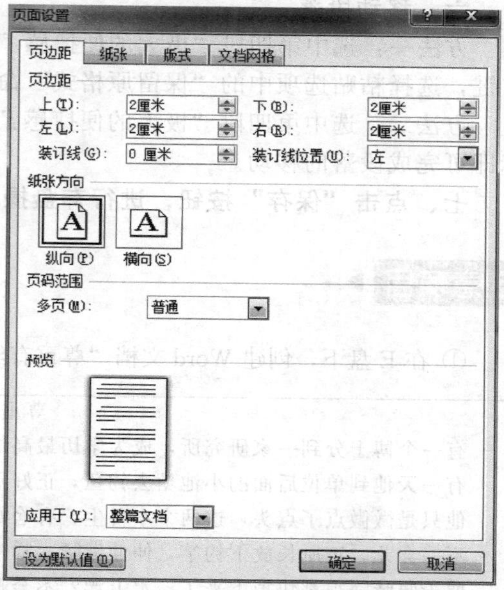

图 4-14 “页面设置”对话框

三、录入文字

选择一种熟悉的输入法录入文字内容，注意中英文切换以及常用符号的录入。

四、将素材文档中的全部文字复制至新建的文档“学号+姓名”中

方法一：用鼠标拖动的方法选择待拷贝的文字，再通过“开始”功能区中“复制”“粘贴”按钮进行拷贝操作，如图 4-15 所示。

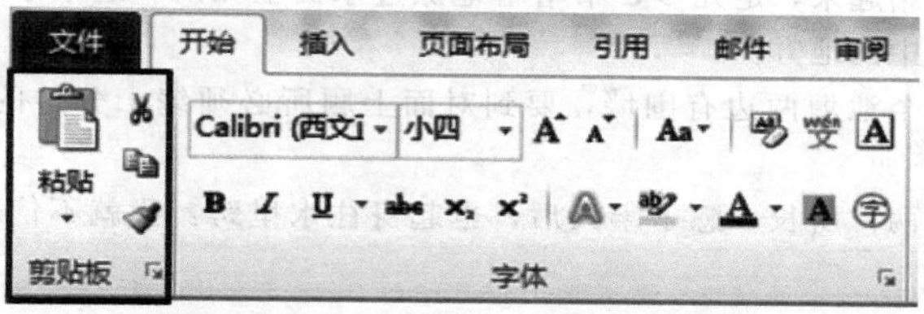

图 4-15 剪贴板功能组

方法二：将鼠标的光标定位至文档起始处，按住键盘上的上档键 Shift，再用鼠标选择待选文档的结尾处，或使用 Ctrl+A 选中全文，使用 Ctrl+C 对选择的文档进行复制，然后在“学号+姓名”文档中使用 Ctrl+V 完成粘贴操作。

五、文字替换

① 将光标放置在文章开始处，打开“替换”对话框，在“查找内容”中输入“只能”，在“替换为”文本框中输入“智能”，单击“全部替换”按钮。

② 将光标放置在文章开始处，打开“替换”对话框，在“查找内容”中输入“ ”，在“替换为”文本框中输入“”，单击“全部替换”按钮，如图 4-16 所示。

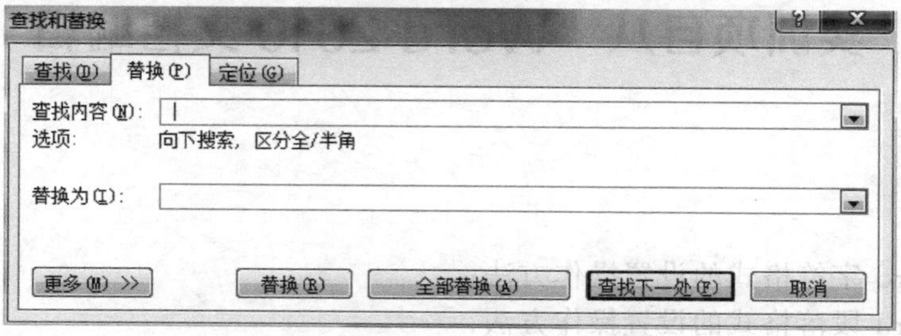

图 4-16 “替换”对话框

六、移动段落

方法一：选中第四段“极大的便捷感:”，并进行剪切，在第三段落起始位置，单击鼠标右键，选择粘贴选项中的“保留原格式”命令，复制过来的段落格式与原来一致。

方法二：选中第四段“极大的便捷感:”，按住鼠标左键拖拽至第三段起始位置，松开鼠标即可完成段落的移动。

七、点击“保存”按钮，进行存盘操作

创意项目 ▶▶▶

① 在E盘下，创建Word文档“尊重有经验的人.docx”，并在文档中录入图4-17中的文字。

尊重有经验的人

有一个博士分到一家研究所，成为学历最高的一个人。

有一天他到单位后面的小池塘去钓鱼，正好正副所长在他的一左一右，也在钓鱼。

他只是微微点了点头，这两个本科生，有啥好聊的呢？

不一会儿，正所长放下钓竿，伸伸懒腰，噌噌噌从水面上如飞地走到对面上厕所。

博士眼睛睁得都快掉下来了，水上漂？不会吧？这可是一个池塘啊。

正所长上完厕所回来的时候，同样也是噌噌噌地从水上漂回来了。

怎么回事？博士生又不好去问，自己是博士生啊！

过了一阵，副所长也站起来，走几步，噌噌噌地漂过水面上厕所。这下子博士更是差点昏倒：不会吧，到了一个江湖高手集中的地方？

博士生也内急了。这个池塘两边有围墙，要到对面上厕所必须绕十分钟的路，而回单位上又太远，怎么办？

博士生也不愿意去问两位所长，憋了半天后，也起身往水里跨：我就不信本科生能过的水面，我博士生不能过。

只听“咚”的一声，博士生栽到了水里。

两位所长将他拉了出来，问他为什么要下水，他问：“为什么你们可以走过去呢？”

两位所长相视一笑：“这池塘里有两排木桩子，由于这两天下雨涨水正好在水下面。我们都知道这木桩的位置，所以可以踩着桩子过去。你怎么不问一声呢？”

学历代表过去，只有学习力才能代表将来。尊重有经验的人，才能少走弯路。

图4-17 文字录入

② 设置纸张为B5纸型，上下页边距为2厘米，左右页边距为2.5厘米。

③ 文章的全部文字设置为黑体、小四号。

④ 将文档中的“博士”，设置为宋体、四号、加粗、红色。

实训项目八 Word 2010文档编辑

实训目的 ▶▶▶

1. 掌握Word字符格式的设置操作方法；
2. 掌握Word段落格式的设置操作方法；
3. 掌握利用“格式刷”进行字符格式、段落格式复制的操作。

实训内容 ▶▶▶

实训项目八　任务单

实训标题	Word 2010 文档编辑			任课教师	
班级		学号		姓名	
学习情境	用 Word 2010 文档进行字符和段落的格式化				
课前预习	Word 2010“开始”选项卡中“字体”和“段落”区域常用按钮的功能				
课堂学习	1. 问答：文档中文字和段落有哪些常见的格式设置？ 2. 讨论：Word 2010 中常用字体的设置，字体、字号、字形、颜色、文字效果、着重号、字符间距、对齐方式、项目符号和编号、边框和底纹、左右缩进、首行缩进、段间距和行间距等，熟悉它们的位置。 3. 练习：文档中字符和段落的格式化设置，格式刷的使用。 4. 完成实训项目八				
单元掌握情况	□90%以上　□80%～90%　□60%～80%　□40%～60%　□低于 40%				
课后任务（含下单元预习内容）	Word 2010 中表格的作用和制作表格的方法				
单元学习内容总结					

实训指导 ▶▶▶

【知识链接】

一、文本效果

通过更改文字的填充，更改文字的边框，或者添加诸如阴影、映像、发光或三维旋转或棱台之类的效果，可以更改文字的外观。

1. 设置文本效果

① 选择要为其添加效果的文字。

② 在“开始”选项卡上的“字体”组中，单击“文字效果”，如图 4-18 所示。

③ 单击所需效果。

2. 删除文本的效果

① 选择要删除其效果的文字。

② 在“开始”选项卡上的“字体”组中，单击“文字效果”，然后单击“清除文字效果”，如图 4-19 所示。

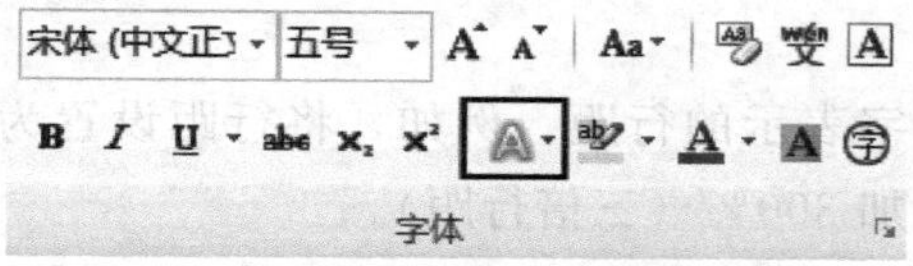

图 4-18　字体功能组（一）

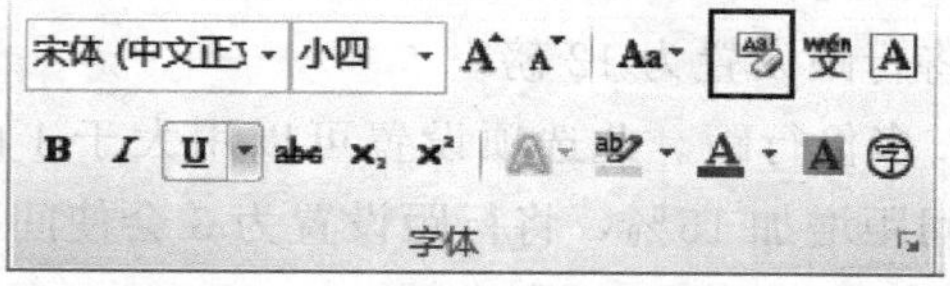

图 4-19　字体功能组（二）

若需其他选项，可指向“边框”“阴影”“映像”或“发光”，然后单击要添加的效果。

二、格式刷

格式刷能够将光标所在位置的所有格式复制到所选文字上面，大大减少了排版的重复劳动。先把光标放在设置好的格式的文字上，单击“格式刷”命令，然后选择需要同样格式的文字，按住鼠标左键拉取范围选择，松开鼠标左键，相应的格式就会设置好。

选中设置好格式的文字，然后鼠标单击常用工具栏上的“格式刷”按钮，如图 4-20 所示。此时，光标左边就会多出一个刷子一样的东西，用鼠标选择目标文字，松开鼠标后，设置完毕。

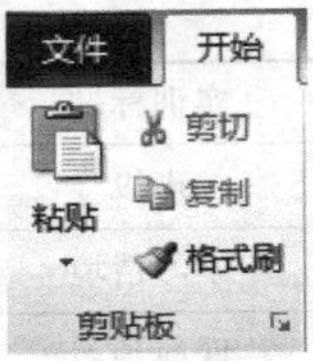

图 4-20 格式刷

三、更改所选段落前和后的间距

默认情况下，段落后面跟有一个空白行，标题上方有额外的间距。

① 选择要更改其前或其后的间距的段落。

② 在“页面布局”选项卡上的“段落”组中，在“间距”下单击“段前”或“段后”旁边的箭头，然后输入所需的间距，如图 4-21 所示。

四、设置行间距

① 选择要更改其行距的段落。

② 在“开始”选项卡上的“段落”组中，单击“行距”。

③ 单击“行距选项”，然后在“间距”下选择所需的选项，如图 4-22 所示。

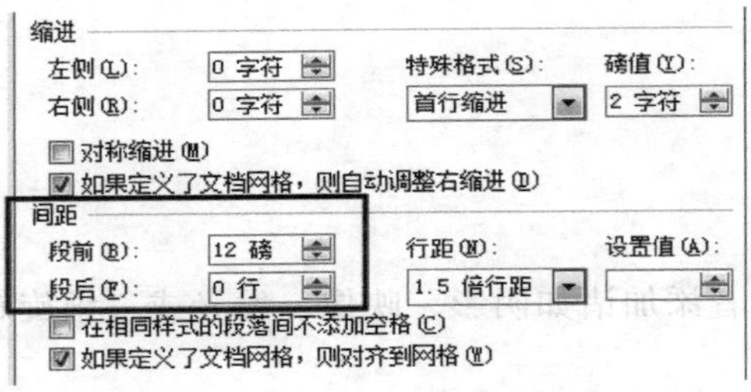

图 4-21 设置段落间距

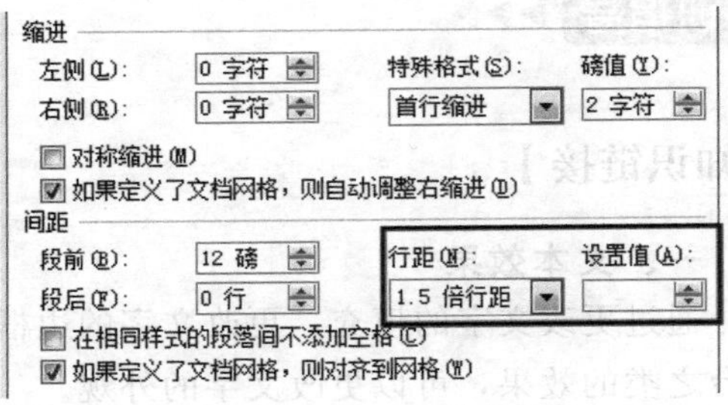

图 4-22 设置行距

行距选项如下所述：

a. 单倍行距。此选项将行距设置为该行最大字体的高度加上一小段额外间距。额外间距的大小取决于所用的字体。

b. 1.5 倍行距。此选项为单倍行距的 1.5 倍。

c. 双倍行距。此选项为单倍行距的两倍。

d. 最小值。此选项设置适应行上最大字体或图形所需的最小行距。

e. 固定值。此选项设置固定行距（以磅为单位）。例如，如果文本采用 10 磅的字体，则可以将行距设置为 12 磅。

f. 多倍行距。此选项设置可以用大于 1 的数字表示的行距。例如，将行距设置为 1.15 会使间距增加 15%，将行距设置为 3 会使间距增加 300%（三倍行距）。

五、项目符号和编号

项目符号和编号是放在文本前的点或其他符号，起强调作用。合理使用项目符号和编号，可以使文档的层次结构更清晰、更有条理。

打开 Word 2010 文档窗口，选中需要添加项目符号的段落。在“开始”功能区的“段落”功能组中单击“项目符号”下拉三角按钮。在“项目符号”下拉列表中选中合适的项目符号即可，如图 4-23 所示。

在当前项目符号所在行输入内容，当按下回车键时会自动产生另一个项目符号。如果连续按两次回车键将取消项目符号输入状态，恢复到 Word 常规输入状态。

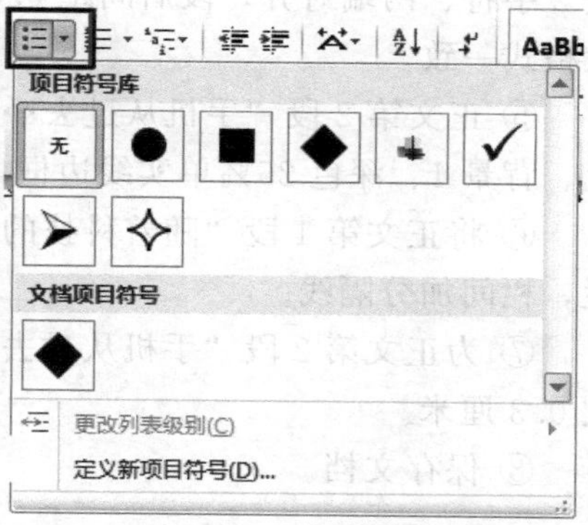

图 4-23 “项目符号”下拉列表

六、分栏

分栏是 Word 文档排版时将文档中的文本分成两栏或多栏，是文档编辑中的一个基本方法。

默认情况，Word 提供五种分栏类型，即一栏、两栏、三栏、偏左、偏右。分栏的方法如下。

第 1 步，打开 Word 2010 文档窗口，切换到“页面布局”选项卡。

第 2 步，在 Word 2010 文档中选中需要设置分栏的内容，如果不选中特定文本则为整篇文档或当前节设置分栏。在“页面设置”分组中单击“分栏”按钮，并在打开的分栏列表中选择合适的分栏类型。其中“偏左”或“偏右”分栏是指将文档分成两栏，且左边或右边栏相对较窄。

打开“更多分栏”对话框，可以手动输入栏数、各栏的栏宽和间距，并且可以设置是否添加分隔线。

七、首字下沉

首字下沉是设置段落的第一行第一字字体变大，并且向下一定的距离，与后面的段落对齐，段落的其他部分保持原样，是一种常见的文档排版方式。

设置首字下沉的方法如下。

第 1 步，打开 Word 2010 文档窗口，将插入点光标定位到需要设置首字下沉的段落中。然后切换到“插入”功能区，在“文本”分组中单击“首字下沉”按钮。

第 2 步，在打开的首字下沉菜单中单击“下沉”选项，设置首字下沉效果。如果需要设置下沉文字的字体或下沉行数等选项，可以在下沉菜单中单击“首字下沉”选项，打开“首字下沉”对话框。选中“下沉”选项，并选择字体或设置下沉行数。完成设置后单击“确定”按钮即可。

【实训要求】

① 打开文档“学号+姓名.docx”。

② 设置标题“智能手机对人们生活的影响”为黑体、二号、加粗、居中对齐，字体间距加宽 2 磅，段后间距 0.5 行。

③ 将文档中字形为倾斜的段落设置为黑体、四号、加粗、左对齐、无特殊格式，文本效果阴影内部向上，段前、段后间距 0.5 行，并添加项目编号，编号格式为“一、二、三、……”。

④ 设置正文第 1 段“随着科技的发展……颠覆性的影响。”为宋体字、小四号、首行缩

进 2 字符、两端对齐，段后间距 0.5 行，行距 20 磅。使用格式刷设置其余正文内容与第 1 段格式一致。

⑤ 正文第 2 段“手机从过去……口语迟钝化。”左右缩进 0.5 字符，并添加 2.25 磅白色、背景 1、深色 25%单实线边框，底纹设置为“茶色，背景 2”。

⑥ 将正文第 1 段“随着科技的发展……颠覆性的影响。”进行分栏设置，分为等宽的两栏，栏间加分隔线。

⑦ 为正文第 2 段“手机从过去……口语迟钝化。”设置首字下沉效果，下沉 2 行，距正文 0.3 厘米。

⑧ 保存文档。

【操作指导】

① 打开项目七中制作完成的文档“学号＋姓名.docx”。

② 选择文档的标题“智能手机对人们生活的影响”，在“字体”功能组中设置字体为“黑体”、字形为“加粗”、字号为“二号”，如图 4-24 所示。或者在“字体”对话框中进行设置。

打开“字体”对话框，选择“高级”选项卡，设置间距类型为“加宽”，磅值为“4 磅”，如图 4-25 所示。

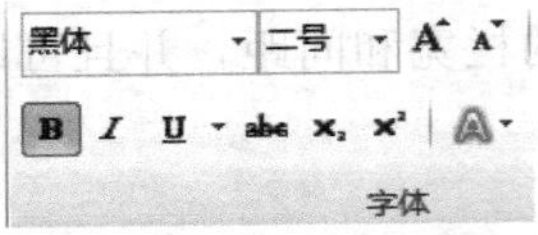

图 4-24 字体设置

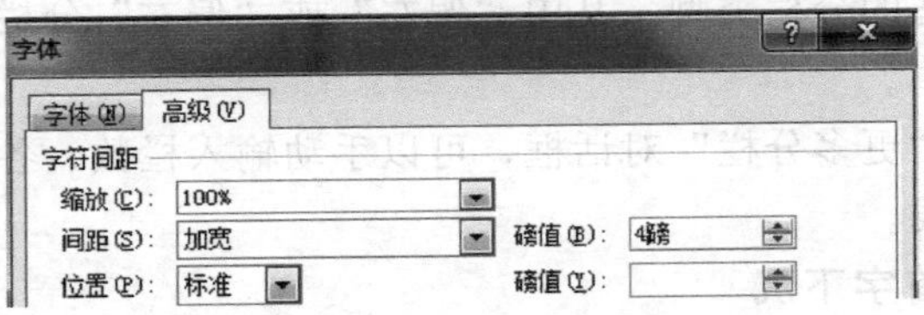

图 4-25 字符间距设置

在“段落”功能组中选择“居中对齐”，如图 4-26 所示（在 Word 2010 中，段落的对齐方式有 5 种，分别为“文本左对齐”“居中”“文本右对齐”“两端对齐”和“分散对齐”，默认的对齐方式为“两端对齐”），在“段落”对话框中设置间距段后 0.5 行。

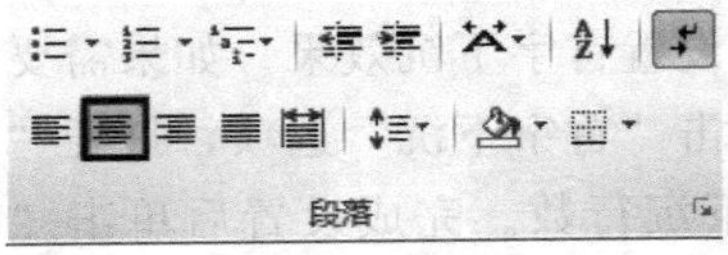

图 4-26 对齐方式设置

③ 按住 Ctrl 键，选择字形为斜体的段落“极大的便捷感”“社交心理需求”“信息更新及时”“促进相关产业发展”“手机辐射令健康问题担忧”“诈骗信息泛滥”“填补时间碎片”“颠覆传统行业”“安全问题不容忽视”，在“字体”对话框中设置“黑体、四号、加粗”，在“段落”对话框中设置“左对齐、无特殊格式”，间距段前、段后分别为 0.5 行，使用“字体”功能组中“文本效果”下拉按钮设置“阴影内部向上”的效果，如图 4-27 所示。

单击“段落”功能组中的项目编号，选择项目编号“一、二、三、……”，如图 4-28 所示。

④ 选择正文第 1 段“随着科技的发展……颠覆性的影响。”，打开“字体”对话框，字体设置为“宋体”，字号为“小四”，打开“段落”对话框，设置对齐方式为“两端对齐”，特殊格式中选择“首行缩进”，磅值 2 字符，段后间距 0.5 行，行距选择“固定值”，设置值为“20 磅”。

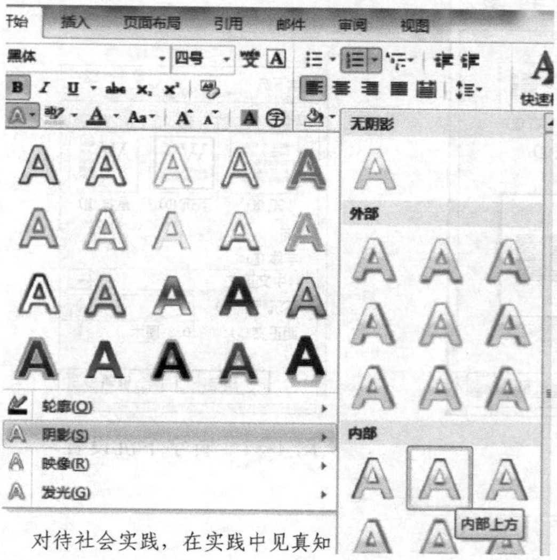

图 4-27　文本效果设置

图 4-28　项目编号设置

选中设置好格式的正文第 1 段，双击剪切板区域中的“格式刷”，用格式刷设置其余正文内容，使其格式与第 1 段格式一致。

⑤ 选择正文第 2 段“手机从过去……口语迟钝化。”，打开“段落”对话框，设置左右缩进各 0.5 字符。选择“段落”区域中“边框”下拉菜单，打开“边框和底纹”对话框，在“边框”选项卡中按要求设置“2.25 磅白色、背景 1、深色 25%单实线”边框，在“底纹”选项卡中设置“茶色，背景 2”底纹，如图 4-29 所示。

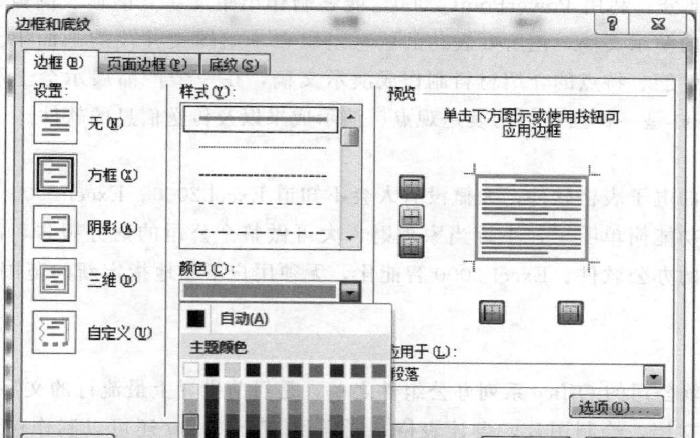

图 4-29　边框和底纹设置

⑥ 选中正文第 1 段，选择“页面布局”选项卡，“页面设置”区域选择“分栏”下拉菜单，打开“更多分栏”对话框，栏数设置为“2”，栏宽默认为相等，选择“分隔线”复选框即可在栏间添加分隔线，如图 4-30 所示。

⑦ 选中正文第 2 段，或将鼠标光标置于正文第 2 段中，选择“插入”选项卡，“文本”区域中选择“首字下沉”下拉菜单，打开“首字下沉”对话框，设置下沉行数 2 行，距正文 0.3 厘米，如图 4-31 所示。

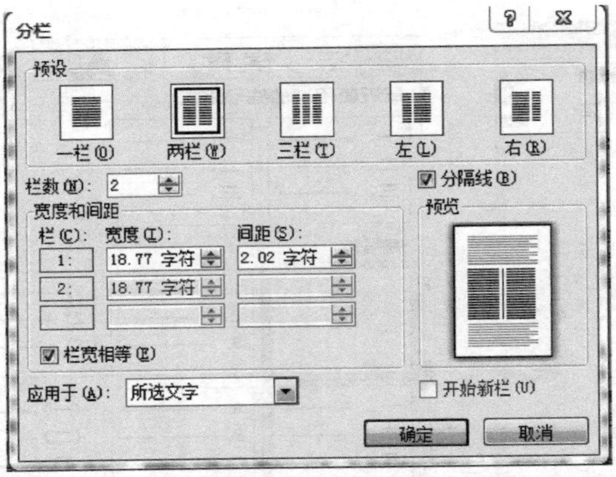

图 4-30 分栏设置

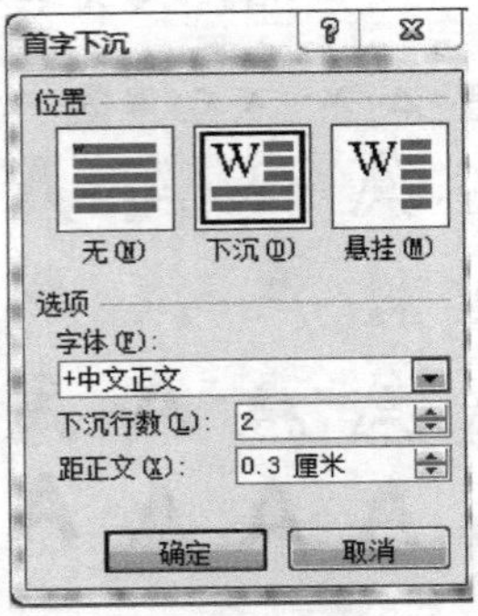

图 4-31 首字下沉设置

⑧ 单击“保存”按钮，对文档进行保存。

【模仿项目】

新建一个 Word 文档并打开该文档输入下面这段文字，对文字进行编辑及排版。

> Office 2000 功能分类介绍
>
> Office 2000 包含以下内容：Access 2000、Excel 2000、FrontPage 2000、IE 5.0、Outlook 2000、PhotoDraw 2000、PowerPoint 2000 和 Word 2000。
>
> 一、PowerPoint 2000
>
> PowerPoint 2000 是一个基于 Windows 环境下专门用来编制演示文稿的应用软件，也是 Microsoft Office 的一个重要组成部分。利用 PowerPoint 2000，能够制作出集文字、图形、图像、声音以及视频剪辑等多媒体对象于一体的演示文稿，把所要表达的信息组织在一组图文并茂的画面中。如一个公司人员可以将有关公司产品的性能、特点的介绍材料制作成演示文稿，在一个产品展示会上利用计算机来演示给观众。PowerPoint 2000 是一种强有力的表达观点、演示成果以及传送信息的软件。
>
> 二、Excel 2000
>
> 谈起办公软件中的电子表格软件，大概没有人会不知道 Excel 2000。Excel 2000 也是平时应用最多的软件之一，它的图表功能简单明了，小可当家理财，大可做整个公司的财务报告，配合其图表功能，是公司企业中不可缺少的办公软件。Excel 2000 智能化，无须用户不断地指定新的范围，Excel 2000 会自动选取范围进行计算。
>
> 三、Word 2000
>
> Word 2000 是微软公司的 Office 系列办公组件之一，是目前世界上最流行的文字编辑软件。用户可以使用它编排出精美的文档，绘制图片，设计表格；同样用 Word 2000 还可以制作包含有图片、声音、电影的多媒体文件；使用 Word 2000 制作网页，在文件中设计各种链接，可轻松地在文件间跳转。

要求如下。

① 页面设置：上下左右边距设置为 2 厘米，装订线设置在左侧 1 厘米，纸张大小 A4；

② 将文档中的“2000”替换为“2010”；

③ 第一段设置为：华文彩云，加粗，三号字，蓝色，双下划线，字符间距为加宽 1 磅，居中对齐；

④ 第二段设置为：小四号字，首行缩进 2 个字符；

⑤ 第三、五、七段设置为：宋体，加粗，四号字，红色；

⑥ 第四、六、八段设置为：首行缩进 2 个字符，段前间距 0.5 行，1.5 倍行距；

⑦ 第四段设置为：宋体，小四号字，倾斜，加橙色单线边框（线宽 1 磅），设置底纹为 10%灰；

⑧ 第六段设置为：楷体，小四号字，通过格式刷工具，使第八段文字格式与第六段相同。

实训项目九　Word 2010 表格制作

实训目的

1. 熟练掌握 Word 表格的建立、编辑和内容的输入；
2. 熟练掌握 Word 表格内容的格式化；
3. 熟练运用公式对 Word 表格进行计算。

实训内容

实训项目九　任务单

实训标题	Word 2010 表格制作			任课教师	
班级		学号		姓名	
学习情境	使用表格反映和处理数据				
课前预习	表格的功能，绘制表格的方法				
课堂学习	1. 问答：插入表格的方法有哪些？各适用于什么情况？ 2. 讨论并演示：表格的基本操作，创建表格，选择表格，录入数据和数据格式的设置。 3. 练习：表格的编辑和美化，行列的增加和删除、行高和列宽的设置、对齐方式、数据的计算、边框和底纹的设置。 4. 完成实训项目九				
单元掌握情况	□90%以上　□80%～90%　□60%～80%　□40%～60%　□低于 40%				
课后任务（含下单元预习内容）	制作和美化个人课程表				
单元学习内容总结					

实训指导

【知识链接】

一、插入表格

在 Microsoft Word 中，可以通过以下三种方式来插入表格：从一组预先设置好格式的表格（包括示例数据）中选择，或选择需要的行数和列数，或在展开的列表中，拖动鼠标选择需要表格的行数和列数，然后单击鼠标左键确定。可以将表格插入文档中，或将一个表格插入其他表格中创建更复杂的表格。

二、绘制表格

用户可以绘制复杂的表格，例如，绘制包含不同高度的单元格的表格或每行的列数不同的表格。

① 在要创建表格的位置单击。

② 在“插入”选项卡上的“表格”组中，单击“表格”，然后单击“绘制表格”，如图4-32所示。

③ 要定义表格的外边界，需绘制一个矩形。然后在该矩形内绘制列线和行线。

④ 要擦除一条线或多条线，需在“表格工具”的“设计”选项卡的“绘制边框”组中，单击“擦除”。

⑤ 单击要擦除的线条。若要擦除整个表格，可参阅“删除表格”。

⑥ 绘制完表格以后，在单元格内单击，开始键入或插入图形。

三、将文本转换成表格

① 插入分隔符（例如逗号或制表符），以指示将文本分成列的位置。使用段落标记指示要开始新行的位置。

例如，在某个一行上有两个单词的列表中，在第一个单词后面插入逗号或制表符，以创建一个两列的表格。

② 选择要转换的文本。

③ 在“插入”选项卡上的“表格”组中，单击“表格”，然后单击“文本转换成表格”。

④ 在“文本转换成表格”对话框的“文字分隔符”下，单击要在文本中使用的分隔符对应的选项。

四、表格中插入公式

用户可以将公式插入单元格中以计算表格中的值。单击想要向其中插入公式的单元格，然后在“布局”选项卡的“数据”中单击“公式”，如图4-33所示。

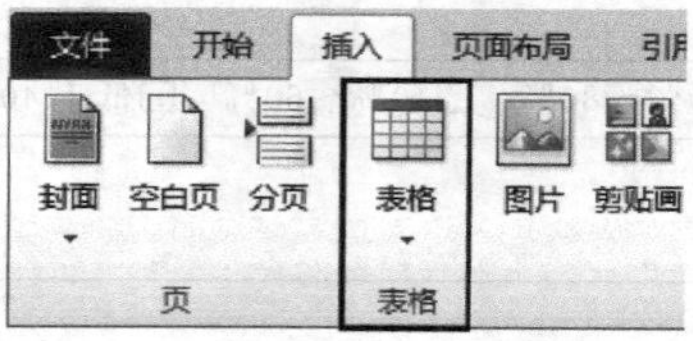

图4-32 插入表格

图4-33 表格公式

在Word的公式中，指定行和列的方法与Excel中类似。行号从表格顶部按数字顺序（1、2、3、4……）开始计数。列号从表格左侧按字母顺序（A、B、C、D……）开始计数。

五、分解表格

选定并右击表格中作为“分隔”的某列单元格后，选择“合并单元格”，此时中间某列所有单元格就变成了一列，选中并右键单击该列，选择“边框和底纹”，在“边框和底纹”对话框中选择“自定义”，同时用鼠标单击上下两条横线取消上下横边框，这样就可得到一张“双表”了。

六、制作斜线表格

将光标置于要设置斜线表头的表格中，再单击“表格”→“绘制斜线表头”，弹出“插入斜线表头”对话框，再在“表头样式”列表中选择一种所需样式（共有5种可选择），以及设置好字体的大小，所选样式可在“预览”框中看到效果。再分别在“行标题”（右上角的项目）、“列标题”（左下角的项目）和“数据标题”（中间格的项目）各个标题框中输入所需的行、列标题，按“确定”退出。

七、竖排单元格文字

Word 表格每一个单元格都可以独立设置段落格式。只要选中并右击某一单元格，再选择“文字方向”，并在打开的“文字方向”→“表格单元格”对话框中选择一种排列方式即可。

八、表格对齐

Word 2010 表格可以像文字那样设置页面对齐效果，从而给排版带来了极大的方便。设置对齐的方法是：在表格的任意位置单击鼠标右键，选择快捷菜单中的“表格属性”命令，打开“表格”选项卡，选中“对齐方式”下用户需要的选项。如果要设置左对齐表格的缩进量，可在“左缩进”框中输入或选择适当的数值。如果将整个表格选中，还可以使用“居中”“右对齐”等按钮，像对齐文字那样对齐表格。这样会给文章的整体布局带来很大的方便。

九、调整对象对齐

先选定需要进行调整的列、行或某一单元格中的对象；右击，选择“单元格对齐方式”命令，并在打开的九种对齐方式中选择即可。如果需要分散对齐，在选定表格对象情况下，要单击工具栏中的“分散对齐”按钮图标即可。

【实训要求】

一、插入表格

打开实训八的内容文档“学号＋姓名. docx”，在标题“手机辐射令健康问题担忧”段落之前的空行处插入一个 7 行 5 列的表格，设置表格居中对齐。

二、设置列宽和行高

① 设置表格第一行行高为 1.5 厘米，其余各行行高为 0.8 厘米。

② 设置表格所有列的列宽为 2.5 厘米。

三、插入行列

在表格最后插入一行，并在最左侧单元格中输入“销售总计”的内容，在表格最右插入一列，在第二行的单元格输入“年平均销量”。

四、合并单元格

合并第一行单元格，合并最后一行除第一列之外的单元格。

五、绘制斜线

在第二行第一列单元格中绘制一条左上右下的斜线，如图 4-34 所示。

六、参照效果图输入表格内容并格式化表格内容

① 第一行文字字体为黑体、三号字、加粗，文字内容水平居中。

② 其余文字字体为宋体、小四号字，第二行 2～6 列文字内容水平居中。

③ 第一列 3～8 行文字内容中部两端对齐，其余数字内容靠下右对齐。

七、修饰表格

① 设置表格边框，外框、第一行与第二行之间的水平线设置为 1.5 磅红色双窄线，其余内框线为 1 磅红色单实线。

近三年全国手机品牌销量					
年度 / 品牌	2016 年销量/万台	2017 年销量/万台	2018 年销量/万台	销售合计	年平均销量
华为	13900	10255	10497		
小米	5800	5094	5199		
苹果	6554	5105	3632		
VIVO	8200	7223	7597		
OPPO	9500	7756	7894		
销售总计					

图 4-34　表格斜线绘制

② 表格第一行浅绿色底纹、图案样式 10%、黄色，最后一行底纹自定义颜色 RGB（217，229，237）。

八、公式计算

计算表格中的“销售合计”“年平均销量”和“销售总计”至相应的单元格中。

九、排序

对表格的 3～7 行进行排序，按“销售合计”列的降序进行排序。如有空行，删除。

【操作指导】

一、打开文件

打开实训八 Word 文档，将鼠标光标置于标题“手机辐射令健康问题担忧”前的空行处，选择插入菜单中的“表格”命令，单击“插入表格”按钮，如图 4-35 所示，在弹出的“插入表格”对话框中输入列数为“5”，行数为“7”，如图 4-36 所示。

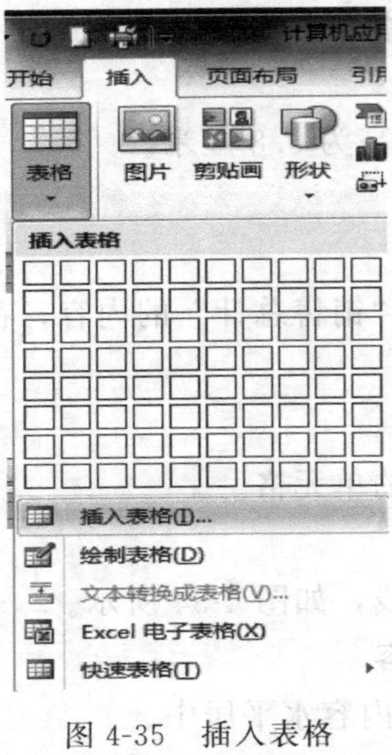

图 4-35　插入表格

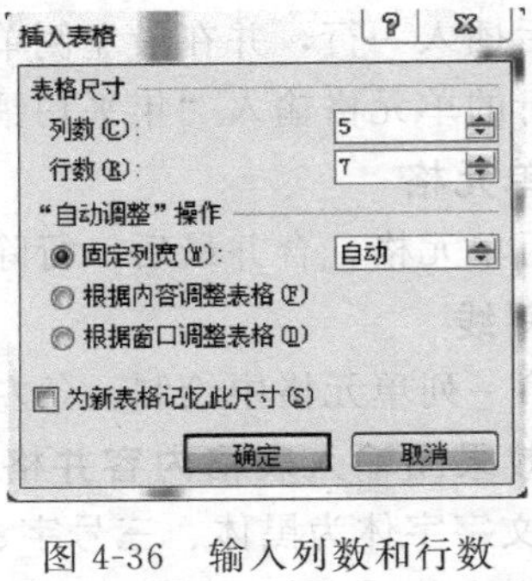

图 4-36　输入列数和行数

二、设置列宽和行高

① 选择表格第一行，在表格工具的“布局”选项卡“单元格大小”区域的行高处，输入表格高度“1.5 厘米”，如图 4-37 所示；选择表格的第 2～7 行，同样方式在“表格行高”处输入表格高度“0.8 厘米”。

② 选择表格第2～7行，在表格工具的“布局”选项卡“单元格大小”区域的列宽处，输入表格宽度“2.5厘米”，如图4-38所示。

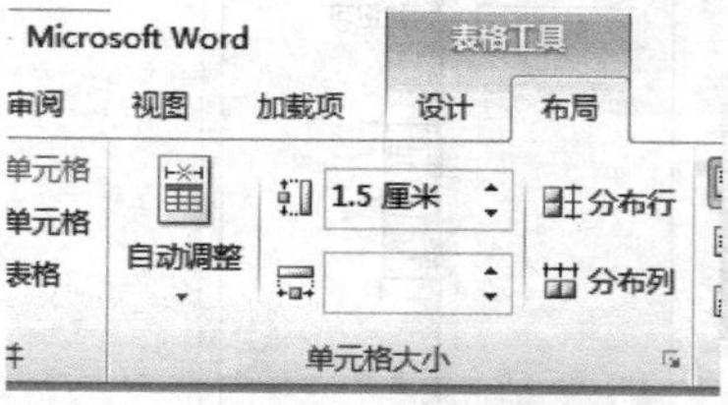

图4-37 行高设置

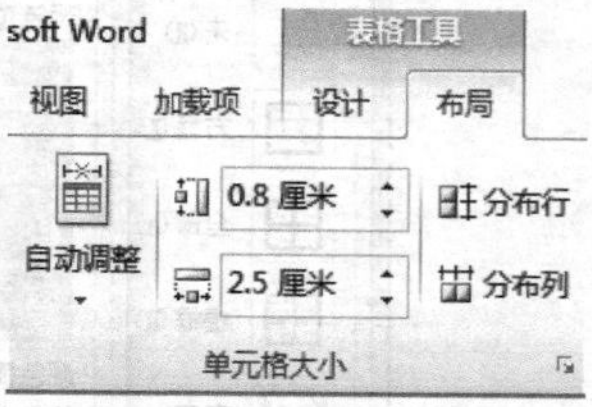

图4-38 列宽设置

三、插入行列操作

1.插入行

方法一：将光标定位至表格的最后一个单元格中，按下键盘的Tab键，在A8单元格中键入“销售总计”。

方法二：将光标定位至表格的最后面（表格外），按下键盘的Enter键，在A8单元格中键入“销售总计”。

方法三：用鼠标选择表格的最后一行，在选中区域上单击鼠标右键，弹出的快捷菜单中选择“插入”命令中“在下方插入行”命令，在A8单元格中键入“销售总计”。

2.插入列

用鼠标选择表格的最后一列，在选中区域上单击鼠标右键，弹出的快捷菜单中选择“插入”命令中“在右侧插入列”命令，在F2单元格中键入“年平均销量”。

四、合并单元格

选择表格第一行，在选中区域上单击鼠标右键，弹出的快捷菜单中选择“合并单元格”命令；用同样的方式合并B8～F8单元格。

五、绘制斜线

选择A2单元格，在表格工具的“设计”选项卡“表格样式”区域中“边框”下拉菜单里选择“斜下框线”。

六、格式化表格内容

① 选择第一行文字，在“开始”选项卡的“字体”区域中设置字体属性为“黑体、三号字、加粗”，在表格工具的“布局”选项卡的“对齐方式”区域中设置对齐方式为“水平居中”。

② 选择相应的文字内容，同样的方式设置其字体属性和对齐方式即可。

③ 选择第一列3～8行，在表格工具的“布局”选项卡的“对齐方式”区域中设置对齐方式为“中部两端对齐”。选项第二列3行至第六列8行，在表格工具的“布局”选项卡的“对齐方式”区域中设置对齐方式为“靠下右对齐”。

七、修饰表格

① 选择整张表格，选择段落功能区中“下框线”下拉列表中“边框和底纹”命令或者选择表格工具设计页框下“下框线”下拉列表中“边框和底纹”命令，在弹出对话框中选择“自定义边框”，设置框线颜色为“红色”，外框线为“1.5磅双窄线”，内框线为“1磅单实线”，如图4-39所示。再选择表格第一行，同样的方式设置下框线为“1.5磅红色双窄线”。

② 选择表格的第一行，在“边框和底纹”对话框的底纹页框下设置底纹填充颜色为“浅绿色”，图案样式为“10%、黄色”，如图4-40所示。选择表格最后一行，同样的方式设置底纹自定义颜色为“RGB（217，229，237）”。

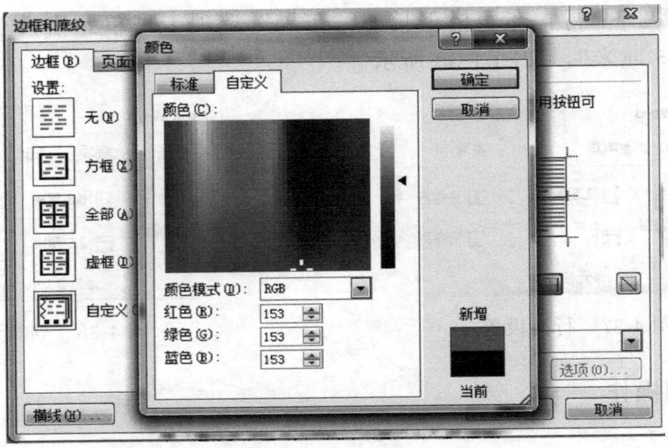

图 4-39 设置边框

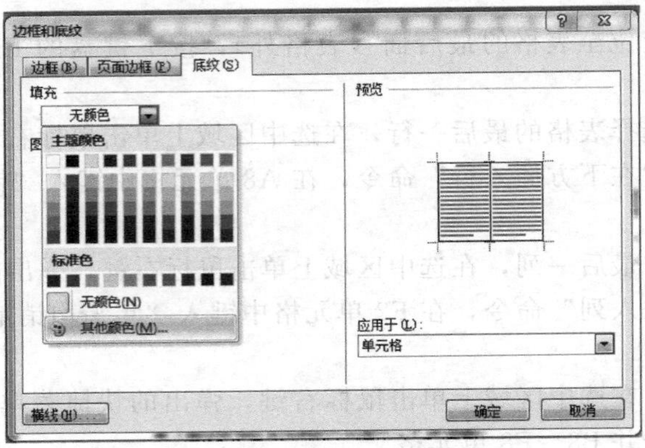

图 4-40 设置底纹

八、输入公式计算单元格

① 计算"销售合计"。将光标放置在保存结果的单元格 E3 中，选择表格工具中的布局菜单，数据功能组中的"公式"，在"公式对话框"中输入"＝B3＋C3＋D3"，或选择求和函数 SUM，计算单元格区域参数为 LEFT，如图 4-41 所示。将结果复制到 E4～E7 单元格中，按下键盘"F9"功能键，完成销售合计的计算。

② 计算"年平均销量"。将光标放置在保存结果的单元格 F3 中，选择表格工具中的布局菜单，数据功能组中的"公式"，在"公式对话框"中选择求平均值函数 AVERAGE，计算单元格区域参数为 B3:D3，如图 4-42 所示。F4～F7 单元格的计算相似。

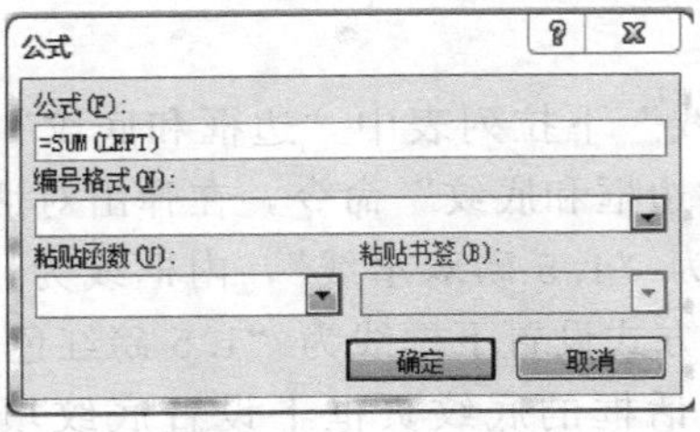

图 4-41 求和计算

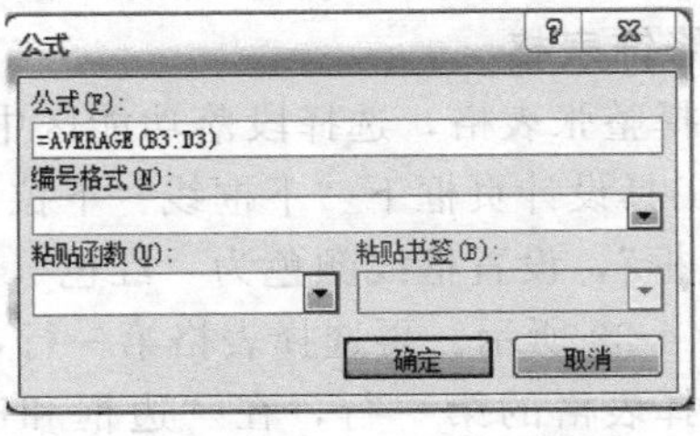

图 4-42 求平均值计算

③ 使用公式或函数的方法计算销售总计。

九、表格内容排序

选择表格第 2～7 行，选择布局选项卡“数据”区域中的“排序”，如图 4-43 所示。在弹出的对话框左下角选择“有标题行”，“主要关键字”选择“销售合计”，右侧选择“降序”即可完成排序。

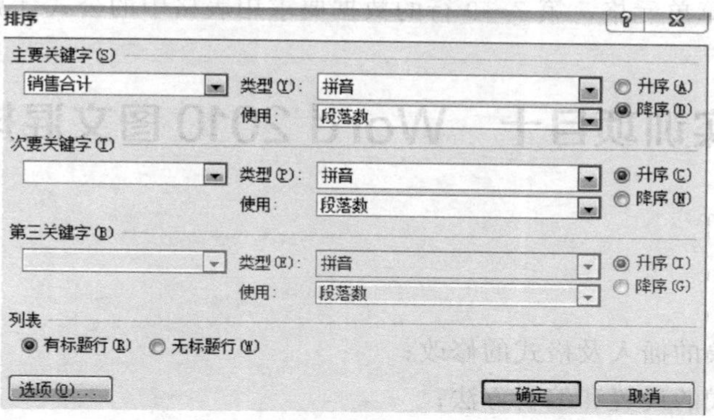

图 4-43 排序

【模仿项目】

① 绘制表格，制作一个 9 行 6 列的规则表格，如图 4-44 所示。

产品销售情况表					
日期 产品名	2011 年		2012 年		2013 年
	上半年	下半年	上半年	下半年	上半年
电视机	300	345	212	196	350
洗衣机	212	489	135	234	256
电冰箱	156	126	256	198	211
总计	668	960	603	628	817
年度平均值	814		615.5		
所有销售统计	3676				

图 4-44 产品销售情况表

② 按效果图合并相应单元格。

③ 设置列宽和行高。

a. 设置第 1 行行高为 1.2 厘米，第 2～9 行行高为 0.7 厘米。

b. 设置第 1 列列宽为 4 厘米，第 2～6 列列宽为 2 厘米。

④ 绘制斜线，按效果图所示绘制斜线。

⑤ 输入表格内容（后 3 行内容为公式计算）。

⑥ 格式化表格内容。

a. 第 1 行：单元格水平及垂直居中，字体为楷体、加粗、三号字。

b. 第 2 行第 2 列～第 3 行第 6 列：中部居中，字体为楷体、五号字。

c. 第 1 列第 4 行～第 9 行：中部两端对齐，字体为楷体、五号字。

d. 第 2 列第 4 行～第 6 列第 9 行：靠下右对齐，字体为楷体、五号字。

⑦ 修饰表格。

a. 将第1行的外线框设置为双线，绿色，0.75磅，并将第1行底纹设置为黄色。

b. 将第7行的底纹设置为白色，背景1，深色25%，底纹的图案样式为10%，颜色为红色。

c. 将第8行、第9行的底纹设置为白色，背景1，深色5%。

d. 将整个表格的左右框线去掉。

⑧ 输入公式计算单元格，第7～9行的数据要求用表格中的公式计算。

实训项目十　Word 2010 图文混排

实训目的

1. 掌握图类对象的插入及格式的修改；
2. 掌握文本样式的设置和编辑方法；
3. 掌握目录的插入。

实训内容

实训项目十　任务单

实训标题	Word 2010 图文混排			任课教师	
班级		学号		姓名	
学习情境	制作文档封面				
课前预习	了解图文并茂的文档中包含的素材的类型				
课堂学习	1. 问答：图片和剪贴画的区别，文本框的作用，形状和 SmartArt 图形的作用。 2. 讨论：怎样对 Word 文档的美观及可读性进行操作。 3. 练习：图片、文本框、艺术字、形状和 SmartArt 的插入和编辑。 4. 学习和演示文档页眉与页脚的设置，目录的制作。 5. 完成实训项目十				
单元掌握情况	□90%以上　□80%～90%　□60%～80%　□40%～60%　□低于 40%				
课后任务 （含下单元预习内容）	制作图文并茂的“红海滩介绍”电子海报				
单元学习 内容总结					

实训指导

【知识链接】

一、插入图片或剪贴画

可以将多种来源（包括从剪贴画网站提供者处下载、从网页上复制或从保存图片的文件夹插入）的图片和剪贴画插入或复制到文档中。

通过使用“位置”和“自动换行”命令，还可以更改文档中图片或剪贴画与文本的位置关系。

图 4-45　剪贴画

1. 插入剪贴画步骤

① 在“插入”选项卡中的“插图”功能组中，单击“剪贴画”命令，如图 4-45 所示。

② 在“剪贴画”任务窗格的“搜索”文本框中，键入描述所需剪贴画的单词或词组，或键入剪贴画文件的全部或部分文件名，如图 4-46 所示。

③ 若要修改搜索范围，请执行下列两项操作或其中之一。

a. 若要将搜索范围扩展为包括 Web 上的剪贴画，请单击“包括 Office.com 内容”复选框。

b. 若要将搜索结果限制于特定媒体类型，请单击“结果类型”框中的箭头，并选中“插图”“照片”“视频”或“音频”旁边的复选框。

④ 单击“搜索”。

⑤ 在结果列表中，单击剪贴画将其插入。

2. 插入来自文件的图片步骤

① 在文档中单击要插入图片的位置。

② 在“插入”选项卡上的“插图”功能组中，单击“图片”命令。

③ 找到要插入的图片。例如，图片文件可能位于“我的文档”中。

④ 双击要插入的图片。

二、插入艺术字

艺术字是可添加到文档的装饰性文本。

步骤：

① 在文档中要插入装饰性文本的位置单击。

② 在“插入”选项卡上的“文本”功能组中，单击“艺术字”命令，如图 4-47 所示。

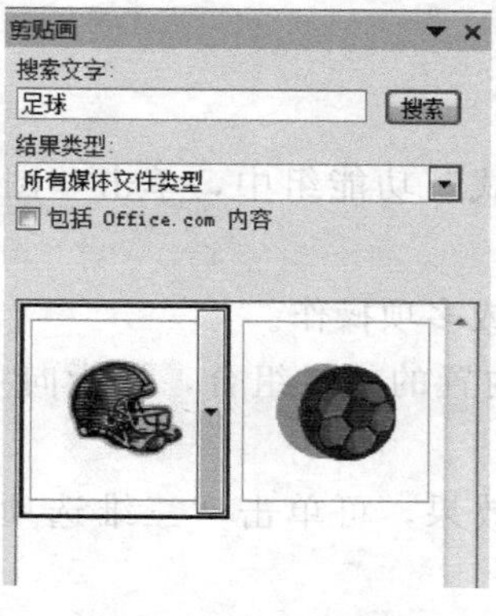

图 4-46　剪贴画搜索

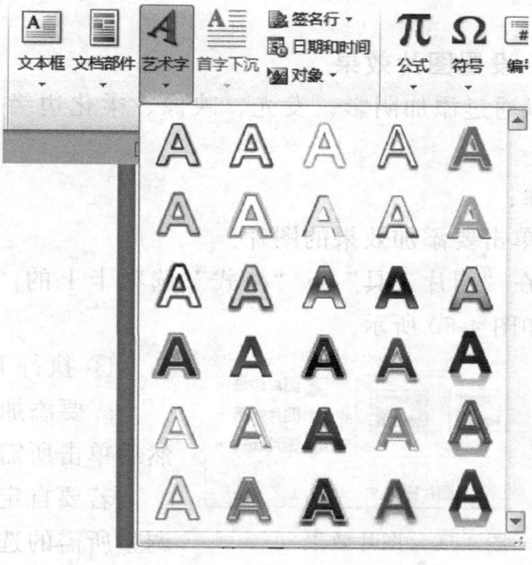

图 4-47　艺术字样式

③ 单击任一艺术字样式，然后开始键入。

三、设置图片文字环绕方式

1. 设置图片在页面中的位置

Word 2010 内置了 10 种图片位置，用户可以通过选择这些内置的图片位置来确定图片在 Word 2010 文档中的准确位置。一旦确定这些位置，则无论文字和段落位置如何改变，图片位置都不会发生变化。

步骤：

① 打开 Word 2010 文档窗口，选中需要设置位置的图片。

② 在“图片工具”功能区的“格式”选项卡中，单击“排列”分组中的“位置”命令，并在位置列表中选择合适的位置选项即可，如图 4-48 所示。

2. 自动换行设置

如果用户希望在 Word 2010 文档中设置更丰富的文字环绕方式，可以在“排列”分组中单击“自动换行”按钮，在打开的菜单中选择合适的文字环绕方式即可，如图 4-49 所示。

图 4-48　图片位置

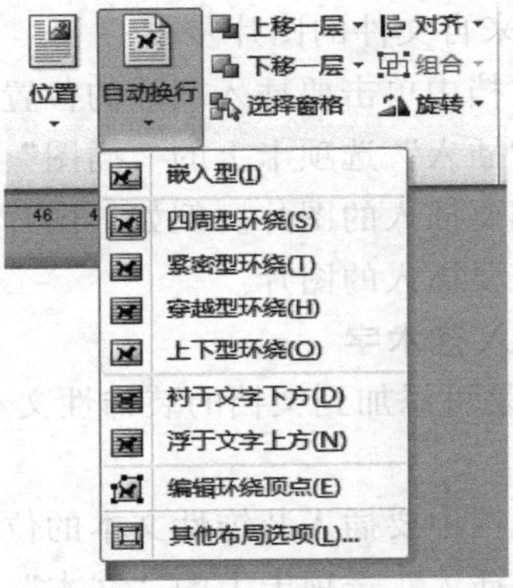

图 4-49　自动换行

四、设置图片效果

可以通过添加阴影、发光、映像、柔化边缘、凹凸和三维旋转等效果来增强图片的感染力。

步骤：

① 单击要添加效果的图片。

② 在“图片工具”下“格式”选项卡上的“图片样式”功能组中，单击“图片效果”命令，如图 4-50 所示。

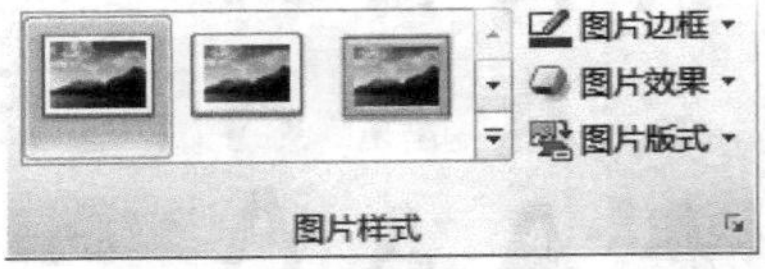

图 4-50　图片效果

③ 执行下列一项或多项操作。

a. 要添加或更改内置的效果组合，请指向“预设”，然后单击所需的效果。

若要自定义内置效果，可单击“三维选项”，然后调整所需的选项。

b. 要添加或更改阴影，可指向“阴影”，然后单击所需的阴影。

若要自定义阴影，可单击“阴影选项”，然后调整所需的选项。

c. 要添加或更改映像，可指向“映像”，然后单击所需的映像变体。

若要自定义映像，可单击“映像选项”，然后调整所需的选项。

d. 要添加或更改发光，可指向“发光”，然后单击所需的发光变体。

若要自定义发光变体，可单击“发光选项”，然后调整所需的选项。

e. 若要添加或更改柔化边缘，可指向“柔化边缘”，然后单击所需的柔化边缘大小。

若要自定义柔化边缘，可单击“柔化边缘选项”，然后调整所需的选项。

f. 要添加或更改边缘，可指向“棱台”，然后单击所需的棱台。

若要自定义三维格式，可单击“三维选项”，然后调整所需的选项。

g. 要添加或更改三维旋转，可指向“三维旋转”，然后单击所需的旋转。

若要自定义旋转，可单击“三维旋转选项”，然后调整所需的选项。

五、页眉和页脚

页眉与页脚就是文档中每个页面的顶部、底部和两侧页边距中的区域，用户可以在页眉和页脚中插入文本或者图形，这样就可以更加丰富页面的样式。

1. 在文档中插入预设的页眉或页脚

在文档中插入页眉或者页脚的方法都是相似的，在功能区打开“插入”选项卡。在“页眉和页脚”的功能组中单击“页眉”按钮。在页眉库中有很多的样式可供选择，例如“网格”。这样，所选页眉样式就被应用到文档中的每一页了。单击“关闭页眉和页脚”的按钮就退出了编辑。

2. 创建首页不同的页眉和页脚

如果希望将文档首页页面的页眉和页脚设置与众不同，可以双击已经插入在文档中的页眉和页脚区域，在“设置”的选项卡中选中“首页不同”的复选框，这样文档首页定义的页眉和页脚就被删除，可以重新进行设置了。

3. 为奇偶页创建不同的页眉或页脚

例如用户在制作书籍资料时，想在奇数页上显示书籍的名称，在偶数页上显示章节的标题。对奇偶页使用不同的页眉或页脚，就可以这样设置。

在出现的“页眉和页脚工具”中的“设计”选项卡，选中其中的“奇偶页不同”的复选框，就可以分别进行创建了。

六、文档目录

目录一般放置在论文正文的前面，是论文的导读图，为读者阅读和查阅所关注的内容提供便利。使用 Word 2010 的目录功能，可以非常轻松地为自己的论文添加所需目录。在 Word 2010 中，除了通过使用内置的自动目录样式快速生成文档目录外，还可以轻松插入其他样式的目录，以彰显个性。Word 2010 提供了内置的自动目录样式，轻松单击鼠标，即可快速将其应用到自己的文档中。

【实训要求】

① 打开实训九“学号＋姓名.docx”文档，将“开始”选项卡“样式”区域中的“标题 1”样式格式修改为黑体、四号、加粗、左对齐，并将文档中“极大的便捷感”等小标题设置为“标题 1”样式。

② 在文档前插入两个空白页，第一页用于制作文档封皮，第二页用于制作文档目录，要求目录标题格式为黑体、小二、加粗、居中对齐、段后间距 0.5 行，目录格式为宋体、四号、1.5 倍行距。

③ 第一页制作文档封皮，封皮效果如图 4-51 所示。具体要求如下。

a. 插入艺术字“智能手机的影响”，居中对齐，样式为“填充-蓝色，文本，内部阴影”，文本填充为“渐变填充，预设颜色，彩虹出岫Ⅱ”，并设置文本效果“转换，跟随路径，上弯弧”。

b. 插入素材图片 1，设置图片高度为 10，“四周型”环绕，适当调整图片位置，置于艺术字下方。

c. 在图片下方插入横排文本框，输入文字“姓名：”，并在右侧添加下划线。

④ 文档除封皮、目录页外其他页面添加页眉、页脚，页眉内容为“院校名称”，页脚插入页码，页码格式为“1，2，3，…”，页眉、页脚内容均居中显示。

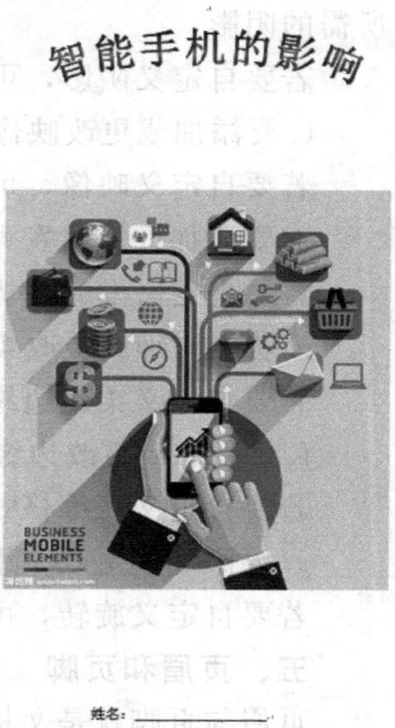

图 4-51　封皮效果图

⑤ 为文档添加图片水印，图片为素材图片 2，设置“冲蚀”的效果。

⑥ 将此文档保存。

【操作指导】

① 打开实训九“学号＋姓名.docx”文档，将样式功能组中“标题 1”格式修改为“黑体、四号、加粗、左对齐”，如图 4-52 所示。并将“标题 1”样式应用于文档中“极大的便捷感”“社交心理需求”等文档小标题。

图 4-52　修改“标题 1”样式

② 光标定位在文档最前面，使用“页面布局”页框下“页面设置”功能组中“分隔符”下拉列表连续添加两个“下一页”分节符，在文档前面增加 2 个空白页，如图 4-53 所示。

在第二页中输入标题“目录”，设置其格式为“黑体、小二、加粗、居中对齐、段后间距 0.5 行”，然后另起一段，使用“引用”页框下“目录”命令为文档插入目录，目录设置如图 4-54 所示，目录格式为“宋体、四号、1.5 倍行距”。

③ 制作文档封皮。

a. 在第一页插入艺术字，选择“填充-蓝色，文本，内部阴影”样式，输入文字内容“智能手机的影响”，在“格式”选项卡“排列”区域的对齐下拉菜单选择“左右居中”的对齐方式，“艺术字样式”区域中“文本填充”下拉菜单，选择“渐变”，预设颜色中选择“渐变填充，预设颜色，彩虹出岫Ⅱ”的样式，选择“文字效果”下拉菜单，选择“转换，跟随路径，上弯弧”。

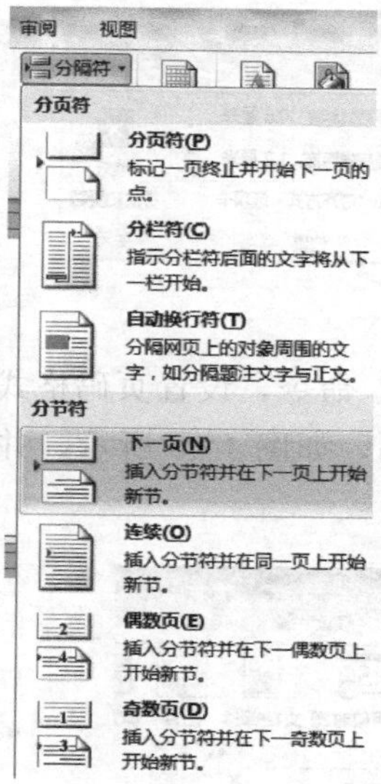

图 4-53 添加分节符

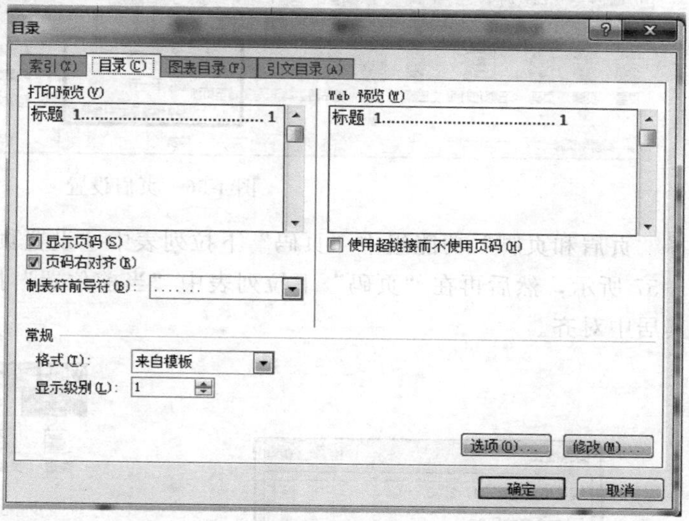

图 4-54 目录设置界面

b. 插入素材图片 1，在“格式”选项卡“大小”区域设置图片的高度为“10”，宽度可自动调整，“排列”区域中“自动换行”下拉菜单设置为“四周型”环绕，适当调整图片位置，置于艺术字下方，如图 4-55 所示。

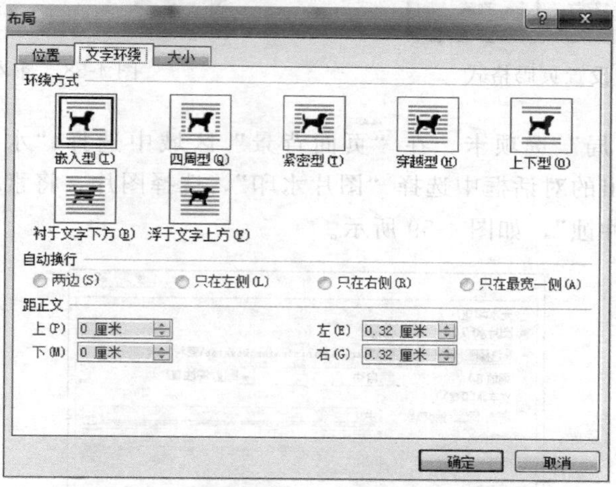

图 4-55 图片文字环绕

c. 在图片下方插入横排文本框，输入文字“姓名:”，在“格式”选项卡的“形状样式”区域中设置形状填充“无”，形状轮廓“无”，并在右侧按下空格键，选中添加下划线。

④ 插入页眉和页脚。

a. 将光标定位到正文的任意位置，选择“插入”选项卡中的“页眉和页脚”功能组中“页眉”下拉列表中“编辑页眉”命令，取消“链接到前一条页眉”按钮，如图 4-56 所示，并在页眉居中位置键入“盘锦职业技术学院”。

b. 通过“转至页脚”按钮切换到文档的页脚位置，取消“链接到前一条页眉”按钮，

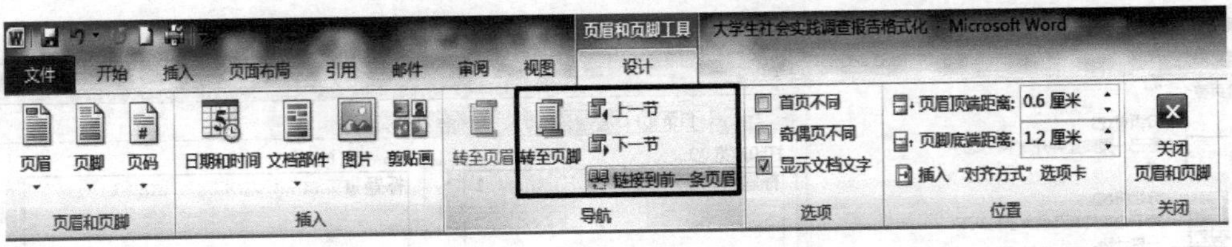

图 4-56　页眉设置

选择“页眉和页脚”功能组中“页码”下拉列表中“设置页码格式”命令，设置页码格式如图 4-57 所示，然后再在“页码”下拉列表中“当前位置”插入页码，如图 4-58 所示，并设置其居中对齐。

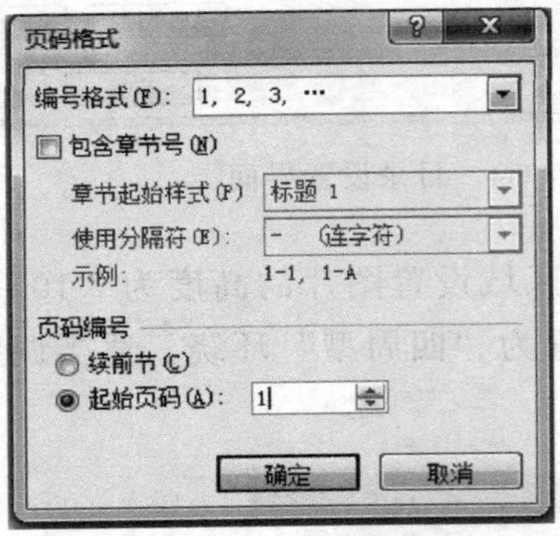

图 4-57　设置页码格式

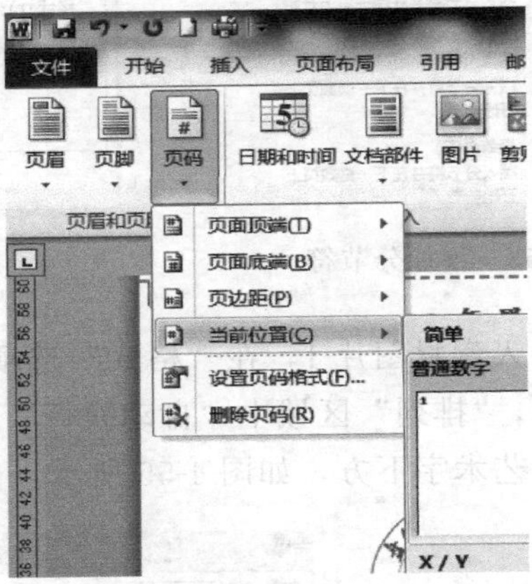

图 4-58　插入页码

⑤ 选择“页面布局”选项卡，在“页面背景”区域中选择“水印”下拉菜单，选择“自定义水印”，在弹出的对话框中选择“图片水印”，选择图片，将素材图片 2 设置为水印，图片的效果默认为“冲蚀”，如图 4-59 所示。

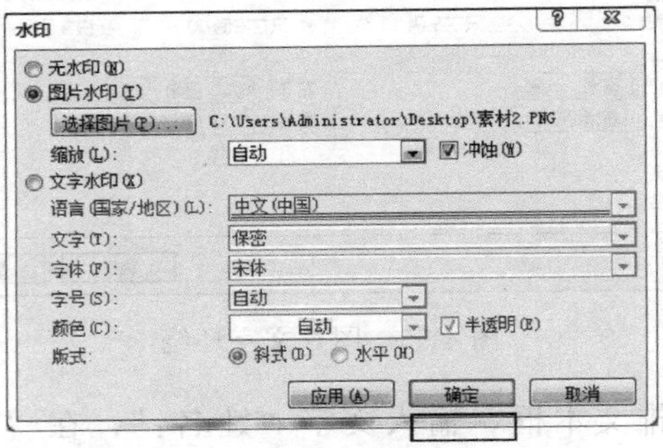

图 4-59　图片水印

⑥ 保存文档。

【模仿项目】

同学通过网络搜索与圣诞节有关的图片及文字素材，在 Word 2010 中通过插入图片、图形、文本框、艺术字、页面边框等内容设计一个圣诞节活动宣传海报，效果如图 4-60

所示。

提示：

① 注意图片与文本框的环绕方式；

② 文本框要注重使用横排与竖排文本框；

③ 文本框要设置无填充颜色，无轮廓。

图 4-60 圣诞节活动宣传海报

模块5

表格处理Excel 2010

Microsoft Excel 是 Microsoft 为使用 Windows 和 Apple Macintosh 操作系统的电脑编写的一款电子表格软件。直观的界面、出色的计算功能和图表工具，使 Excel 成为流行的个人计算机数据处理软件。本模块中我们将通过对五个实训项目的练习，来体会 Excel 的强大。

Excel 是功能完整、操作简易的电子表格软件，它为用户提供丰富的函数及强大的图表、数据统计等功能。

实训项目十一　工作簿与工作表的基本操作

实训目的

了解 Excel 2010 的工作界面，掌握工作簿与工作表的基本操作方法。

实训内容

实训项目十一　任务单

<table>
<tr><td>实训标题</td><td colspan="3">工作簿与工作表的基本操作</td><td>任课教师</td><td></td></tr>
<tr><td>班级</td><td></td><td>学号</td><td></td><td>姓名</td><td></td></tr>
<tr><td>学习情境</td><td colspan="5">创建一个包含多张工作表的 Excel 文件</td></tr>
<tr><td>课前预习</td><td colspan="5">工作簿、工作表和单元格的概念和关系</td></tr>
<tr><td>课堂学习</td><td colspan="5">1. 问答：工作簿、工作表和单元格是什么？它们的关系怎样？
2. 讨论和演示：Excel 工作表中单元格的地址和选择方式。
3. 练习：工作表的重命名、新建、移动、复制和删除等操作。
4. 完成实训项目十一</td></tr>
<tr><td>单元掌握情况</td><td colspan="5">□90%以上　□80%～90%　□60%～80%　□40%～60%　□低于 40%</td></tr>
<tr><td>课后任务
（含下单元预习内容）</td><td colspan="5">了解数据的类型和意义，单元格的格式化方法</td></tr>
<tr><td>单元学习
内容总结</td><td colspan="5"></td></tr>
</table>

实训指导 ▶▶▶

【知识链接】

一、工作簿

所谓工作簿是指 Excel 环境中用来储存并处理工作数据的文件，也就是说 Excel 文档就是工作簿。它是 Excel 工作区中一个或多个工作表的集合，其扩展名为“.xlsx”，在 Excel 中，用来储存并处理工作数据的文件叫作工作簿。每一本工作簿可以拥有许多不同的工作表，工作簿中最多可建立 255 个工作表。对 Excel 文件进行管理，其实就是对工作簿进行管理。用户可以在工作表中输入和管理数据。例如，打开文件，就是打开该工作簿下所有的工作表。对工作簿的操作主要有新建、保存、关闭及打开。新建立的工作簿中并没有数据，具体的数据要分别输入到不同的工作表中。因此，建立工作簿后首先要做的就是向工作表中输入数据。

二、工作表

每个工作表有一个名字，工作表名显示在工作表标签上。工作表标签显示了系统默认的前三个工作表名：Sheet1、Sheet2、Sheet3。根据需要还可以添加工作表，最多可以增加到 255 个。对工作表的操作是指对工作表进行选择、插入、删除、移动、复制和重命名等。所有这些操作都可以在 Excel 窗口的工作表标签上进行。

1. 选择工作表

选择单张工作表时，只需单击某个工作表的标签，则该工作表的内容将显示在工作簿窗口中，同时对应的标签变为白色。

选择后的工作表可以进行复制、删除、移动和重命名等操作。最快捷的方法是在工作表标签处右击选择的工作表，然后在弹出的快捷菜单中选择相应的操作。快捷菜单如图 5-1 所示。

图 5-1　工作表标签的快捷菜单

2. 插入工作表

要在某个工作表前面插入一张新工作表，操作步骤如下：

① 在工作表标签上右击，在弹出的快捷菜单中选择“插入”命令，弹出“插入”对话框，如图 5-2 所示。

② 在“插入”对话框选择“常用”选项中的“工作表”或选择“电子表格方案”选项中的某个固定格式表格，然后单击“确定”按钮。

用户可以通过单击工作表标签右侧的“插入工作表”按钮  来快速插入一张新工作表。

3. 删除工作表

删除工作表的方法：首先选定要删除的工作表，然后通过工作表标签快捷菜单中的“删除”命令来删除工作表，如图 5-3 所示。

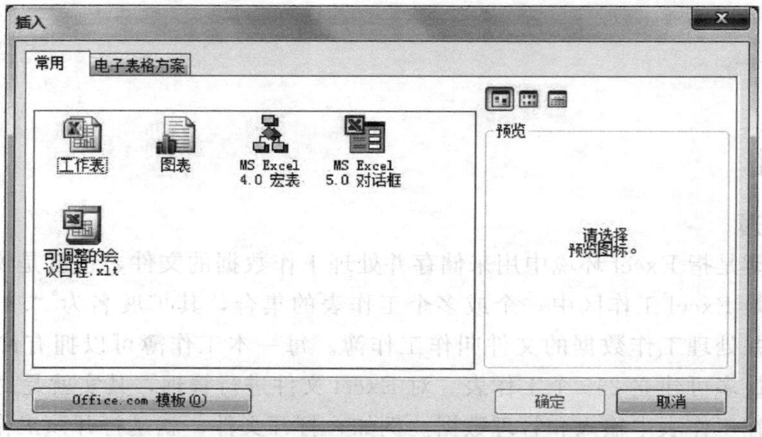

图 5-2 “插入”工作表对话框

图 5-3 “删除”工作表对话框

4. 移动和复制工作表

工作表在工作簿中顺序并不是固定不变的，可以通过移动来重新安排它们的次序，也可以复制工作表，从而生成一张与原工作表内容相同的工作表。移动或复制工作表有下面两种方法。

（1）鼠标法　直接在要移动的工作表标签上按住鼠标左键拖动，拖动时，可以看到鼠标指针上多了一个文档的标记，同时在工作表标签上有一个黑色箭头指示位置，拖到目标位置处释放左键，即可改变工作表的位置，如图 5-4 所示。按住 Ctrl 键拖动实现的就是复制。

（2）快捷菜单法　使用工作表标签快捷菜单中的“移动或复制”命令，弹出“移动或复制工作表”对话框，如图 5-5 所示，选择移动的位置。如果选中“建立副本”复选框，则实现的是复制。

图 5-4　拖动工作表标签

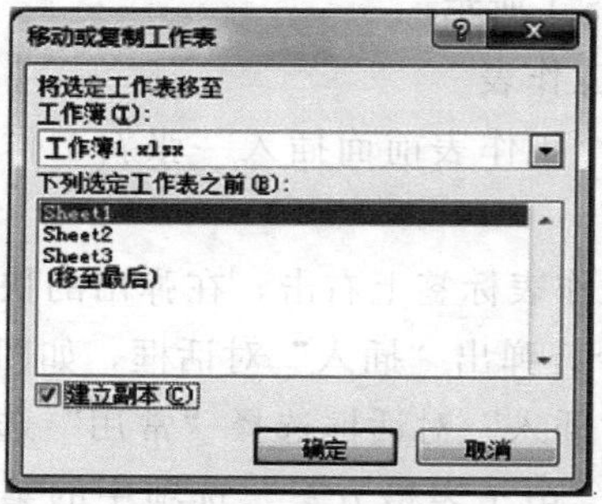

图 5-5 “移动或复制工作表”对话框（一）

5. 重命名工作表

Excel 2010 在建立一个新的工作簿时，所有的工作表都是以 Sheet1、Sheet2、Sheet3……命名。但在实际工作中，这种命名不便于记忆和进行有效管理，用户可以为工作表重新命名。工作表重新命名的方法有以下两种：

① 双击工作表标签。

② 使用工作表标签快捷菜单中的“重命名”命令，如图 5-6 所示。

上面两种方法均使工作表标签变成黑底白字，输入新的工作表名字，然后单击工作表中其他任意位置或按 Enter 键结束。

图 5-6 “重命名”工作表

【实训要求】

① 在 D 盘新建一个文件夹，名称为“学号＋姓名”。

② 打开 Excel 2010，自定义快速访问工具栏，在快速访问工具栏上增加“新建”“打开”“快速打印”三个按钮。

③ 将当前工作簿保存在新建的文件夹中，文件名为“Excel 工作簿 1”。

④ 当前文档有三个工作表，分别为 Sheet1、Sheet2、Sheet3。在 Sheet1 工作表的第一个单元格输入“工作表 1”，在 Sheet2 工作表的第一个单元格输入“工作表 2”，在 Sheet3 工作表的第一个单元格输入“工作表 3”。

⑤ 将 Sheet1 工作表名改为“工作表 1”，将 Sheet2 工作表名改为“工作表 2”，将 Sheet3 工作表名改为“工作表 3”。

⑥ 增加一张新的工作表，工作表名为“工作表 4”，复制工作表 1，将新复制的工作表名称改为“工作表 5”，并将这个工作表移动到工作表 3 后面，将工作表 4 移动到工作表 1 后面，保存当前文件，保存后的工作表的标签如图 5-7 所示。

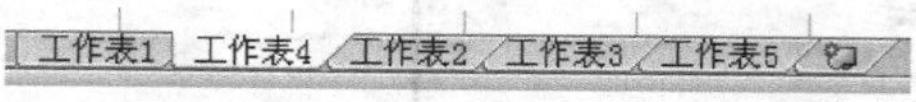

图 5-7 工作表标签

⑦ 新建一个新的工作簿，并保存到新建的文件夹中，文件名为“Excel 工作簿 2”。

【操作指导】

① 在 D 盘新建一个文件夹，名称为“学号＋姓名”。

② 打开 Excel 2010，自定义快速访问工具栏，在快速访问工具栏上增加“新建”“打开”“快速打印”三个按钮。

操作方法：打开 Excel 2010 后，窗口的左上角就是“快速访问工具栏”，“快速访问工具栏”顾名思义就是将常用的工具摆放于此，帮助快速完成工作。预设的“快速访问工具栏”只有 3 个常用的工具，分别是“存储文件”“撤消”及“恢复”，如果想将自己常用的工具也加入此区，可按下 进行设定，如图 5-8 所示。

③ 将当前工作簿保存在新建的文件夹中，文件名为“Excel 工作簿 1”。

操作方法：鼠标单击“快速访问工具栏”上的“保存”按钮，会弹出“另存为”对话框，如图 5-9 所示，在此对话框中选择文件存放的位置，D 盘的新建文件夹，并输入文件名“Excel 工作簿 1”。

④ 当前文档有三个工作表，分别为 Sheet1、Sheet2、Sheet3。可通过点击“工作表标签”（在窗口的左下位置）来切换不同的工作表，当前默认为 Sheet1 工作表，用鼠标单击 Sheet1 工作表的第一个单元格，并输入字符“工作表 1”，用鼠标单击“工作表标签”上的 Sheet2，打开 Sheet2 工作表，按照上面的方法在第一个单元格输入字符“工作表 2”，同样在 Sheet3 工作表的第一个单元格输入字符“工作表 3”。

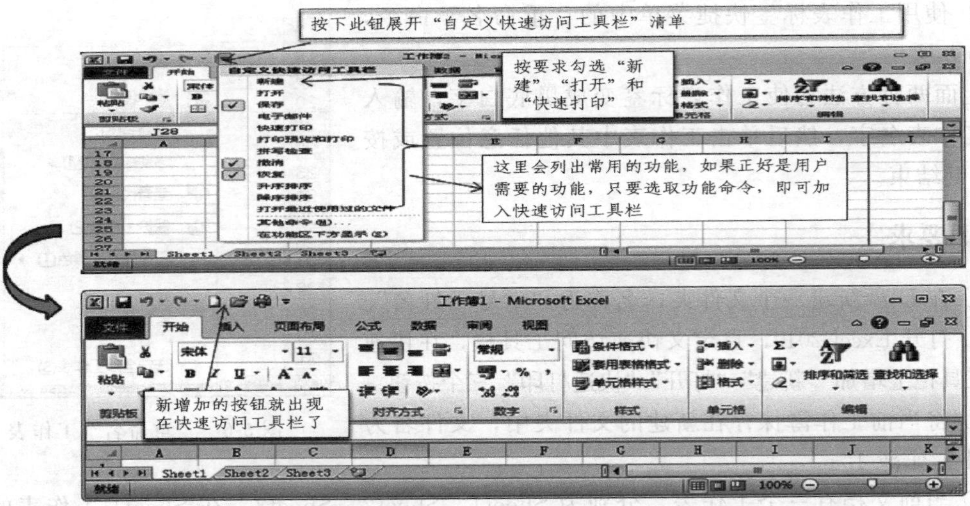

图 5-8　设置“快速访问工具栏”

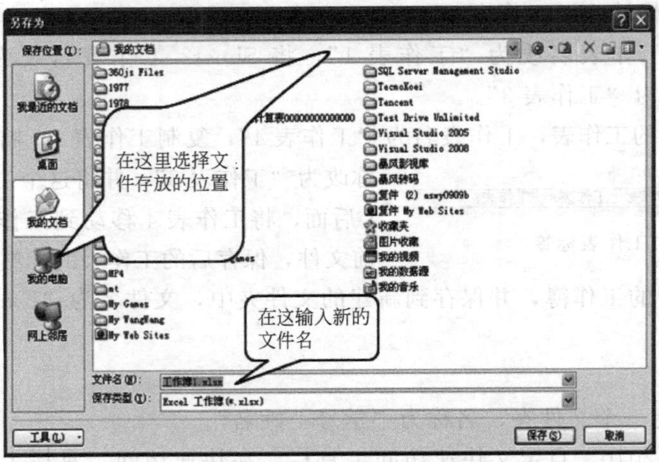

图 5-9　“另存为”对话框

⑤ 将 Sheet1 工作表名改为“工作表 1”，将 Sheet2 工作表名改为“工作表 2”，将 Sheet3 工作表名改为“工作表 3”。

操作方法：鼠标右键单击“工作表标签”上的 Sheet1，会弹出工作表标签快捷菜单，在菜单上单击“重命名”命令，如图 5-10 所示，将工作表名改为“工作表 1”，同样方法修改另外两个工作表的名称。

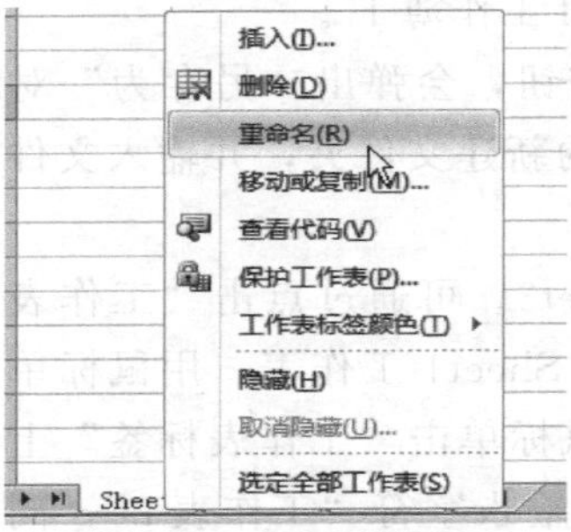

图 5-10　工作表重命名

⑥ 增加一张新的工作表，工作表名为“工作表 4”，复制工作表 1，将新复制的工作表名称改为“工作表 5”，并将这个工作表移动到工作表 3 后面，将工作表 4 移动到工作表 1 后面。

操作方法：单击“工作表标签”最右面的“新建工作表”按钮，就会增加一张新工作表，新增加的工作表的名称默认为“Sheet4”，将其修改为“工作表 4”。右键单击“工作表标签”上的“工作表 1”，在弹出的快捷菜单中选择“移动或复制”命令，会弹出“移动或复制工作表”对话框，如图 5-11 所示，勾选下面的“建立副本”命令，再单击“确定”按钮即可复制“工作表 1”，将新生成的工作表名改为“工作表 5”，用鼠标左键单击“工作表标签”上的“工作表 5”并拖动，将其移动到工作表 3 的后面，如图 5-12 所示。同样方法移动“工作表 4”。

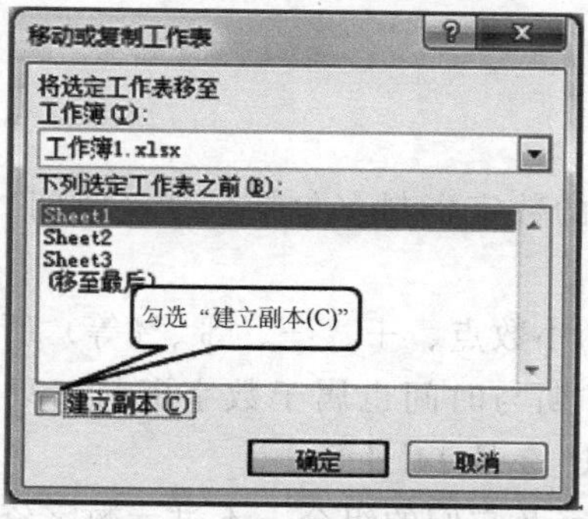

图 5-11 “移动或复制工作表”对话框（二）

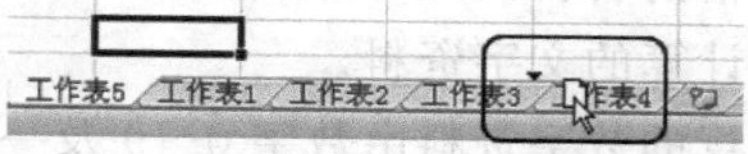

图 5-12 移动工作表

⑦ 新建一个新的工作簿，并保存到新建的文件夹中，文件名为“Excel 工作簿 2”。

操作方法：单击“快速访问工具栏”中的“新建”按钮，就会新建一个新的工作簿，单击“保存”按钮，将新建的工作簿保存在新建的文件夹中，文件名为“Excel 工作簿 2”。

实训项目十二 数据的输入与单元格的格式化

实训目的

掌握单元格中数据的输入技巧，掌握单元格格式设置的方法。

实训内容

实训项目十二 任务单

实训标题	数据的输入与单元格的格式化			任课教师	
班级		学号		姓名	
学习情境	表格格式设置和数据的录入				
课前预习	数据的类型和意义				
课堂学习	1. 问答：Excel 表格中的数据有哪些类型？有什么意义？ 2. 讨论和演示：输入数据的技巧，不同类型数据的输入和设置、单元格内换行、填充柄的使用、制作下拉列表。 3. 练习：表格的边框和底纹的设置，条件格式的设置。 4. 完成实训项目十二				
单元掌握情况	□90%以上 □80%～90% □60%～80% □40%～60% □低于 40%				
课后任务 （含下单元预习内容）	了解运算符的种类，单元格的引用方式，函数的概念				
单元学习 内容总结					

实训指导 ▶▶▶

【知识链接】

一、认识资料的种类

单元格的资料大致可分成两种：一种是可计算的数字资料（包括日期、时间）；另一种则是不可计算的文字资料。

可计算的数字资料由数字 0～9 及一些符号（如小数点、＋、－、＄、%等）所组成，例如 15.36、－99、＄350、75%等都是数字资料。日期与时间也属于数字资料，只不过会含有少量的文字或符号，例如 2012/06/10、08:30PM、3 月 14 日等。

不可计算的文字资料包括汉字、英文字符、数字及它们的组合。不过，数字资料有时亦会被当成文字输入，如电话号码、邮政编码等。

二、输入数据的基本方法

不管是文本还是数字，其输入过程都是一样的，下面以“成绩表”为例讲一下如何输入数据。

首先我们要向 B2 单元格中输入“姓名”两个字，那么就要先单击要输入数据的单元格，这时就可以输入“姓名”了。单元格数据输入完成后需按下 Enter 键或是编辑栏中的输入按钮 ✔ 确认，Excel 便会将资料存入 B2 单元格并回到就绪模式，如图 5-13 所示。

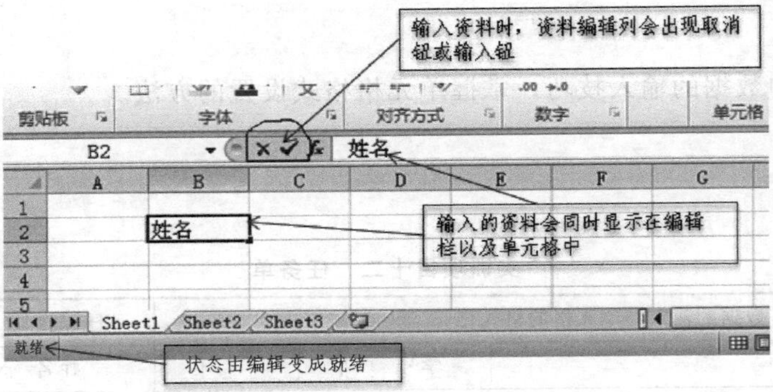

图 5-13　在单元格中输入数据

三、输入技巧

1. 单元格内换行

若想在一个单元格内输入多行资料，可在换行时按下 Alt＋Enter 键，将插入点移到下一行，便能在同一单元格中继续输入下一行资料。

例如在 A2 单元格中输入“学生”，然后按下 Alt＋Enter 键，将插入点移到下一行，再输入“学号”，如图 5-14 所示。

按要求输入其他的内容后，会发现文本型的数据会自动左对齐，而数值型的数据会右对齐，这就是为了区分不同类型的数据，同时还要注意，尽量不要改变数值型数据的对齐方式，以免和文本型的数据混淆。

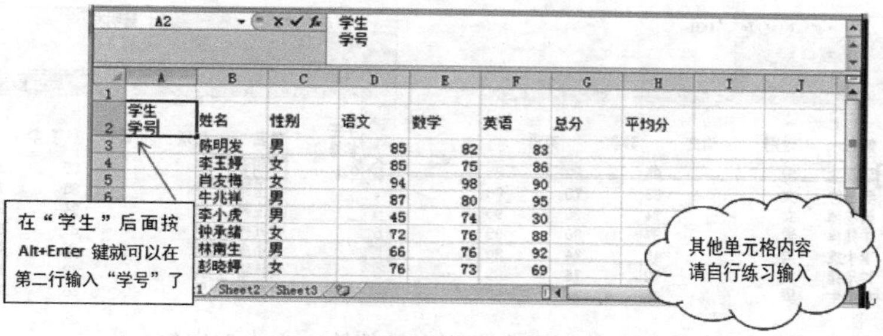

图 5-14　单元格内换行

2. 输入文本型的数字

接下来继续输入各位学生的学号，假设陈明发的学生学号为 001，这时要怎么输入呢？首先要明确一个问题，学生的学号虽然是数字，但却应该具有文本的属性。

先按照老办法在 A3 单元格输入“001”试试，结果如图 5-15 所示。

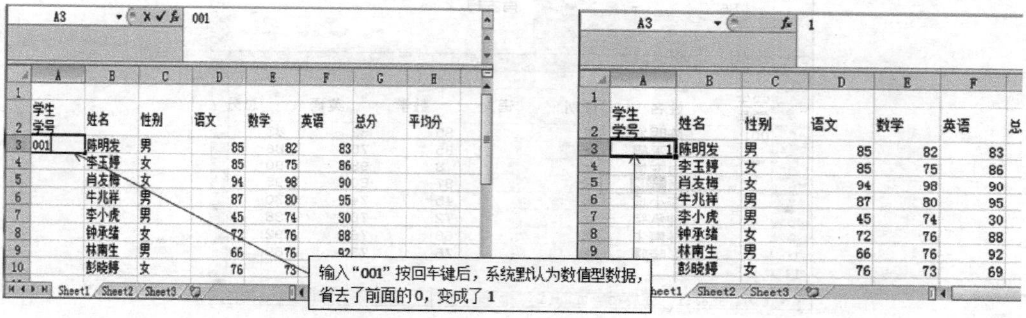

图 5-15　输入文本型数字

这时必须要强制将“001”定义成文本型，方法有两种。

方法一：先设置单元格的数据类型为文本型，可以通过右键单击单元格，在弹出的“设置单元格格式”中设置，如图 5-16 所示。设置成文本后就可以直接输入了。

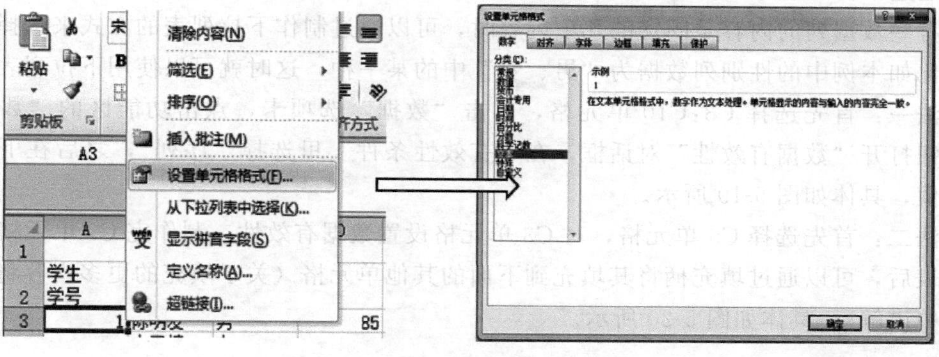

图 5-16　设置单元格的数据类型为文本型

方法二：先输入一个单引号（英文半角状态下），再接着输入“001”，这里要说明一下，单引号也叫文本类型引导符，可以强制将其后面的数据转换成字符，显示时并不显示单引号，如图 5-17 所示。

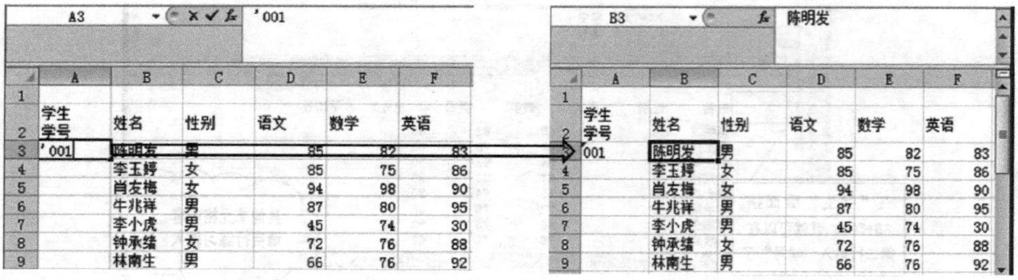

图 5-17　使用文本类型引导符输入文本型字符

3. 快速填入已经输入过的数据

在输入同一列的资料时，若内容有重复，就可以通过“自动完成”功能快速输入。例如在上例中的 B6 单元格也要输入“肖友梅”，仅在 B6 单元格中输入“肖”字，此时“肖”之后自动填入与 B5 单元格相同的文字，并以反白方式显示，如图 5-18 所示。

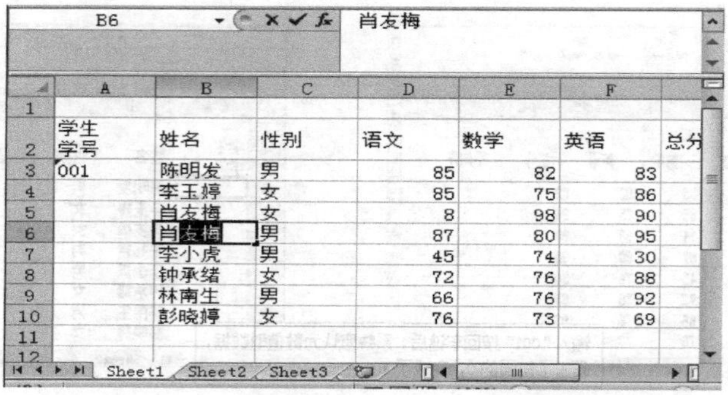

图 5-18　快速填入已经输入过的数据

若自动填入的资料正好是想输入的文字，按下 Enter 键就可以将资料存入单元格中；若不是想要的内容，可以不予理会，继续完成输入文字的工作。

注意：“自动完成”功能，只适用于文字资料。

4. 通过下拉列表来输入固定选项的数据

当有些数据列的内容是固定的几项内容时，可以通过制作下拉列表的方式来选择性输入数据，比如本例中的性别列数据为“男、女”中的某一种，这时就可以使用下拉列表了。

方法一：首先选择 C3:C10 单元格，单击“数据”选项卡，点击功能区的“数据有效性”按钮打开“数据有效性”对话框，在“有效性条件”里选择“序列”，之后在下面输入序列的值，具体如图 5-19 所示。

方法二：首先选择 C3 单元格，对 C3 单元格设置数据有效性，制作完 C3 单元格的内容下拉列表后，可以通过填充柄将其填充到下面的其他单元格（关于填充的更多内容将在后面的内容中讲解），具体如图 5-20 所示。

【实训要求】

① 输入如图 5-21 所示的内容。

② 在 A1 单元格中输入内容“学生成绩表”，并将 A1～H1 合并成一个单元格，居中对齐。

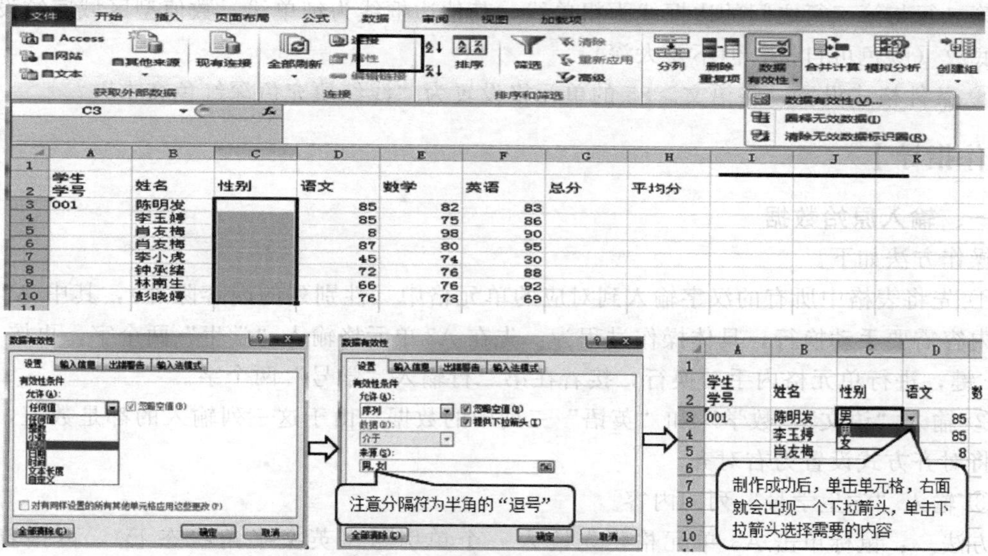

图 5-19 通过下拉列表来输入固定选项的数据

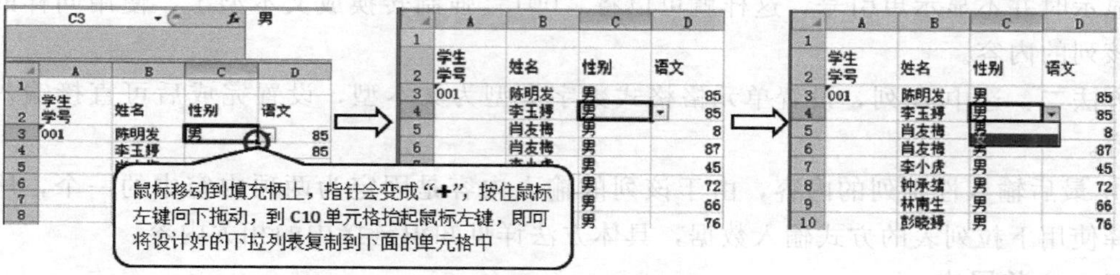

图 5-20 使用填充柄填充

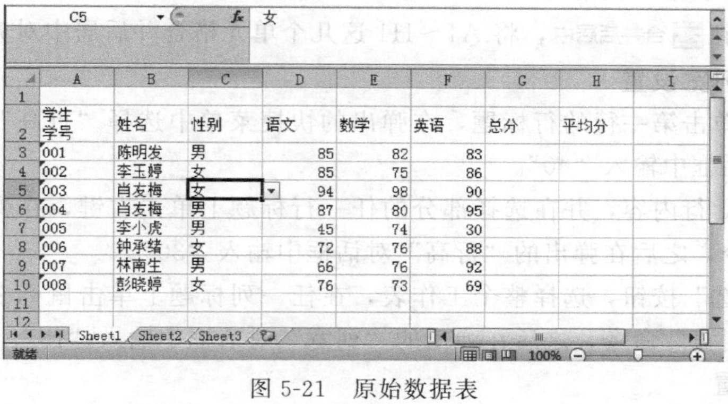

	A	B	C	D	E	F	G	H
1								
2	学生学号	姓名	性别	语文	数学	英语	总分	平均分
3	001	陈明发	男	85	82	83		
4	002	李玉婷	女	85	75	86		
5	003	肖友梅	女	94	98	90		
6	004	肖友梅	男	87	80	95		
7	005	李小虎	男	45	74	30		
8	006	钟承绪	女	72	76	88		
9	007	林南生	男	66	76	92		
10	008	彭晓婷	女	76	73	69		

图 5-21 原始数据表

③ 行高与列宽设置，设置第一行的行高为 40，2～10 行行高为 30，设置所有列的列宽为 10。

④ 将第一行文字的字体设置为黑体，字号设置为 30，加粗。

⑤ 除数值型数据外（学生学号不是数值型数据），其他所有字符型单元格的字号均设置为 12，居中对齐（要求一次性完成这部分设置）。

⑥ 将第二行的文字加粗。

⑦ 边框和底纹设置，为表格中的 A2～H10 范围设置边框，其中外边框为双线边框，红

色，第二行与第三行之间的边框线为粗单线，其他边框线为细单线。数值型区域底纹设置为浅色底纹（颜色可自拟，但不要太深）。

⑧ 条件格式设置，将语文>85 的单元格设置为“浅红填充色深红色文本”。

【操作指导】

一、输入原始数据

操作方法如下。

① 先将表格中所有的汉字输入到对应的单元格中（性别列的内容除外），其中 A2 单元格的内容需要手动换行，具体操作过程为：先在 A2 单元格输入“学生”两个字，再按 Alt+Enter 键，进行单元格内手动换行，接着在第二行输入“学号”两个字。

② 输入“语文”“数学”和“英语”三列中的数据，由于这三列输入的都是数值，系统自动将对齐方式设置为右对齐。

③ 输入“学生学号”列的内容。

方法一：鼠标单击 A3 单元格，先输入一个单引号（英文半角状态下），再接着输入“001”，这里要说明一下，单引号也叫文本类型引导符，可以强制将其后面的数据转换成字符，显示时并不显示单引号，这样就可以将“001”强制转换成文本型了，使用同样的方法输入该列的内容。

方法二：选中 A 列，设置单元格格式数字类型为文本型，设置完成后可直接输入单元格内容。

④ 最后输入性别列的内容，由于该列的输入内容是固定为两项内容中的一个，所以这里选择使用下拉列表的方式输入数据，具体方法详见知识链接中的相关内容。

二、合并居中

在 A1 单元格中输入内容“学生成绩表”，选择 A1～H1，单击“开始”选项卡中的“合并后居中”按钮 **合并后居中**，将 A1～H1 这几个单元格合并后居中对齐。

三、行高与列宽设置

① 鼠标右键单击第一行的行标题，在弹出的快捷菜单中选择“行高”命令，之后在弹出的“行高”对话框中输入“40”。

② 选择 2～10 行内容，并在选择部分的任一行标题上单击右键，在弹出的快捷菜单中选择“行高”命令，之后在弹出的“行高”对话框中输入“30”。

③ 单击“全选”按钮，选择整个工作表，在任一列标题上单击鼠标右键，在弹出的快捷菜单中选择“列宽”命令，之后在弹出的“列宽”对话框中输入“10”。

四、字体设置

选择 A1 单元格，将字体设置为“黑体”，字号设置为“30”，并加粗。

五、设置文字

使用鼠标配合 Ctrl 键，选择除数字外的所有单元格，将字号设置为“12”，再单击“居中对齐”按钮。

六、加粗

选择第二行文字，单击“加粗”按钮。

七、边框与底纹的设置

① 选择 A2～H10 单元格，在选择区域的任意位置单击鼠标右键，在弹出的快捷菜单中

选择“设置单元格格式”命令，在打开的“设置单元格格式”对话框中，单击“边框”选项卡，先按“内部”按钮，绘制表格的内框线，然后在“线条样式”中选择“双线”，再将“线条颜色”设置为“红色”，单击“外边框”按钮，将表格的外框线设置为“红色双线”，效果如图 5-22 所示。

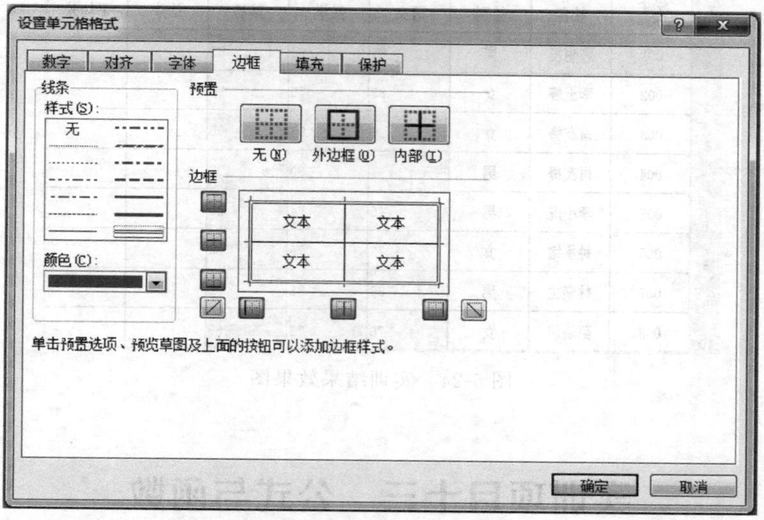

图 5-22　设置边框

② 选择 A2～H2 单元格，按照上面的方法打开“设置单元格格式”对话框，并选择“边框”选项卡，将线形设置为“粗单线”，颜色设置为“黑色”，在“边框”区域中单击“下线”按钮，将第二行和第三行之间的边框线设置为粗单线。

③ 选择 D2～F10 单元格，按照上面的方法打开“设置单元格格式”对话框，并选择“填充”选项卡，在“背景色”中选择一种较浅的颜色，单击“确定”按钮，即可完成底纹的设置。

八、条件格式的设置

选择 D2～D10 单元格，单击“样式”功能组中的“条件格式”按钮，进行条件格式设置，具体操作方法如图 5-23 所示。

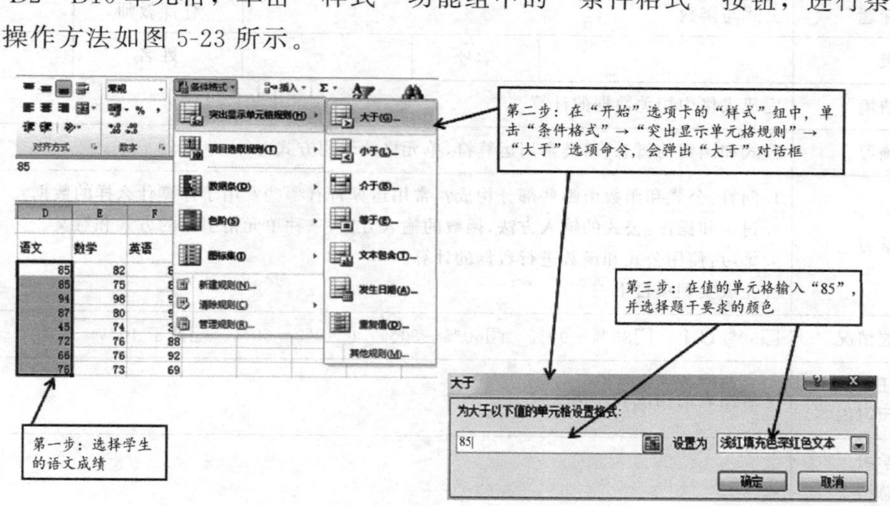

图 5-23　设置条件格式

九、效果

操作完成后的效果如图 5-24 所示。

	A	B	C	D	E	F	G	H
1	学生成绩							
2	学生学号	姓名	性别	语文	数学	英语	总分	平均分
3	001	陈明发	男	85	82	83		
4	002	李玉婷	女	85	75	86		
5	003	肖友梅	女	94	98	90		
6	004	肖友梅	男	87	80	95		
7	005	李小虎	男	45	74	30		
8	006	钟承绪	女	72	76	88		
9	007	林南生	男	66	76	92		
10	008	彭晓婷	女	76	73	69		

图 5-24　实训结果效果图

实训项目十三　公式与函数

实训目的

掌握公式的制作方法，掌握常用函数的使用方法。

实训内容

实训项目十三　任务单

实训标题	公式与函数			任课教师	
班级		学号		姓名	
学习情境	完成表格中相关数据的计算				
课前预习	公式和函数的概念，四类常用运算符，单元格的引用方式				
课堂学习	1. 问答：公式和函数由哪些部分构成？常用运算符有哪些？用于计算什么样的数据？ 2. 讨论和操作：公式的输入方法，函数的输入方法，三种单元格引用的方式和意义。 3. 练习：使用公式和函数进行数据的计算。 4. 完成实训项目十三				
单元掌握情况	□90%以上　□80%～90%　□60%～80%　□40%～60%　□低于 40%				
课后任务（含下单元预习内容）	了解图表的构成和作用				
单元学习内容总结					

实训指导 ▶▶▶

【知识链接】

一、公式与单元格引用

1.公式的概念

Excel中的公式由等号、运算符和运算数三部分构成，其中运算数由常量、单元格引用值、名称和工作表函数等元素构成。使用公式，是实现电子表格数据处理的重要手段，它可以对数据进行加、减、乘、除、比较等多种运算。

2.运算符

可以使用的运算符有4种：算术运算符、比较运算符、文本运算符和引用运算符。

（1）算术运算符　算术运算符用来完成基本的数学运算，如加法、减法和乘法。算术运算符有＋（加）、－（减）、*（乘）、/（除）、%（百分比）、^（乘方）。

（2）比较运算符　比较运算符用来对两个数值进行比较，产生的结果为逻辑值True（真）或False（假）。比较运算符有＝（等于）、＞（大于）、＞＝（大于等于）、＜＝（小于等于）、＜＞（不等于）。

（3）文本运算符　文本运算符&用来将一个或多个文本连接成为一个组合文本。例如Micro&soft的结果为Microsoft。

（4）引用运算符　引用运算符用来将单元格区域合并运算。引用运算符如下所示。

区域（冒号）表示对两个引用之间，包括两个引用在内的所有区域的单元格进行引用，例如SUM（B1:D5）。

联合（逗号）表示将多个引用合并为一个引用，例如SUM（B5，B15，D5，D15）。

交叉（空格）表示产生同时隶属于两个引用的单元格区域的引用。

公式中运算符的顺序从高到低依次为：冒号（:）、逗号（,）、空格、负号（－）、百分比（%）、乘和除（*和/）、加和减（＋和－）、文本连接符（&）、比较运算符（＞、＜、＞＝、＜＝、＝、＜＞）。

3.公式的表示形式

Excel的公式和一般数学公式差不多，例如数学公式A3＝A2＋A1，意思是将A2和A1的值相加赋值给A3，那么在Excel中如何完成这个公式呢？

其实只需要在A3单元格内输入“＝A2＋A1”即可。

4.相对引用

Excel默认的单元格引用为相对引用。相对引用是指在公式或者函数复制、移动时，公式或函数中单元格的行标、列标会根据目标单元格所在的行标、列标的变化自动进行调整。

相对引用的表示方法是直接使用单元格的地址，即表示为“列标行标”的方法，如单元格A6、单元格区域B5:E8等，这些写法都是相对引用。

5.绝对引用

绝对引用是指在公式复制、移动时，不论目标单元格在什么位置，公式中单元格的行标和列标均保持不变。

绝对引用的表示方法是在列标和行标前面加上符号“$”，即表示为“$列标$行标”的方法，如单元格$A$6、单元格区域$B$5:$E$8的表示都是绝对引用的写法。

二、输入函数的方法

1. 利用“插入函数”功能按钮 fx 插入函数

下面通过例题说明如何使用该方法插入函数。

【例】 在成绩表中计算出每个学生的总成绩，如图 5-25 所示。

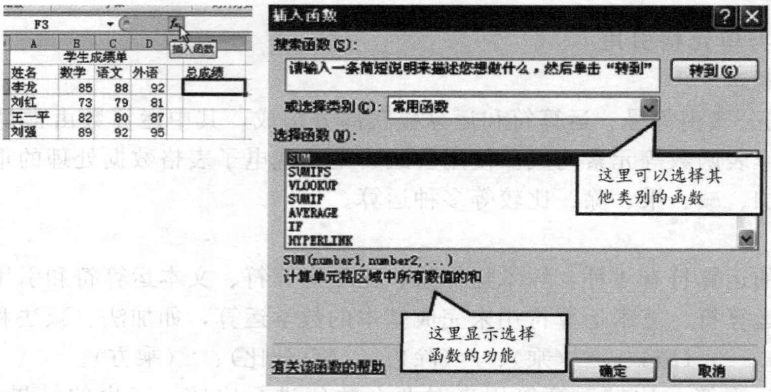

图 5-25 “插入函数”对话框

操作步骤如下。

① 单击要存放结果的单元格 F3，单击“插入函数”按钮 fx 后，会弹出“插入函数”对话框，如图 5-25 所示。

② 在“选择类别”列表框中选择“常用函数”选项，在“选择函数”列表框中选择“SUM 函数”，单击“确定”按钮，弹出“函数参数”对话框，如图 5-26 所示。

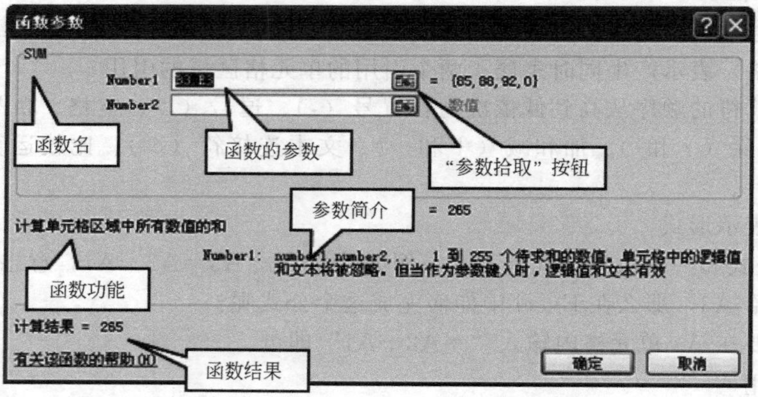

图 5-26 “函数参数”对话框

③ 确定函数的参数是函数操作中最重要的一步，可以直接在“函数参数”对话框中输入函数的参数，如果函数的参数是表中的某个单元格或某块区域，可以按参数右侧的“参数拾取”按钮，然后直接在工作表中选择相应区域来完成参数的输入，以 B3:D3 为例，如图 5-27 所示。

注意：不点“参数拾取”按钮，直接在表中选择也是可以的，这样操作会便捷一些。

④ 参数选择完成后，再按一下“参数拾取”按钮会返回到“函数参数”对话框，此时按“确定”按钮就完成了函数的插入，如图 5-28 所示。

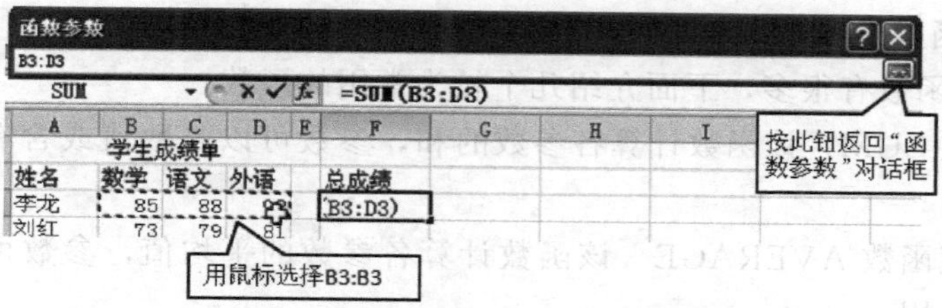

图 5-27　参数拾取的方法

然后再通过填充柄来得到其他同学的总成绩。

2. 利用名称框中的函数选项板插入函数

选定要存放结果的单元格 F3，然后输入"="，单击"名称框"右边的下三角按钮，弹出下拉"函数列表"选项，选择相应的函数，其后面的操作同利用"功能"按钮插入函数的方式完全相同，如图 5-29 所示。

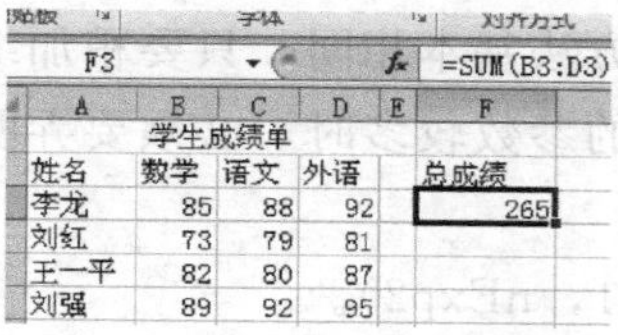

图 5-28　公式的结果

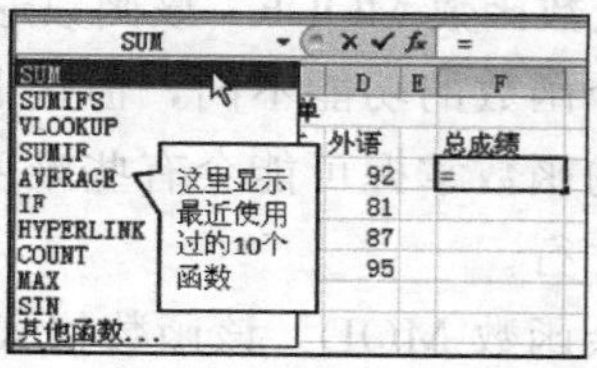

图 5-29　利用名称框插入函数

3. 使用"自动求和"按钮插入函数

通过"开始"选项卡的"编辑"功能组中的"自动求和"按钮也可以插入一些常用的函数，如图 5-30 所示。

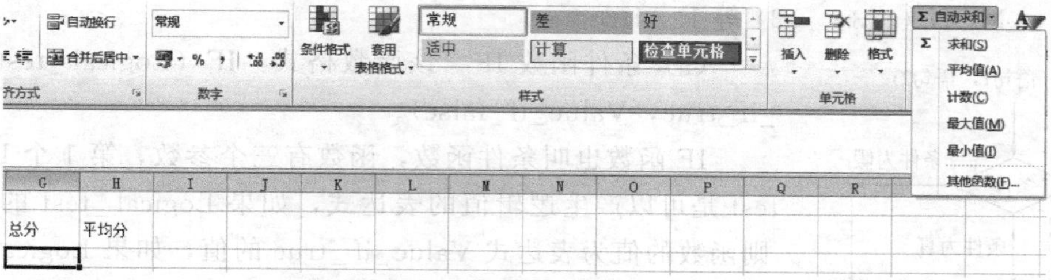

图 5-30　使用"自动求和"按钮插入函数

4. 手动输入函数

对函数有了一定的了解之后，就可以直接在编辑框来手动输入各种各样复杂的函数了，比如要在 E3 中求总成绩，可以直接在编辑栏内输入"=sum（"后用鼠标选择 B3：D3 范围，再输入"）"，最后按回车键即可完成函数的录入，如图 5-31 所示。

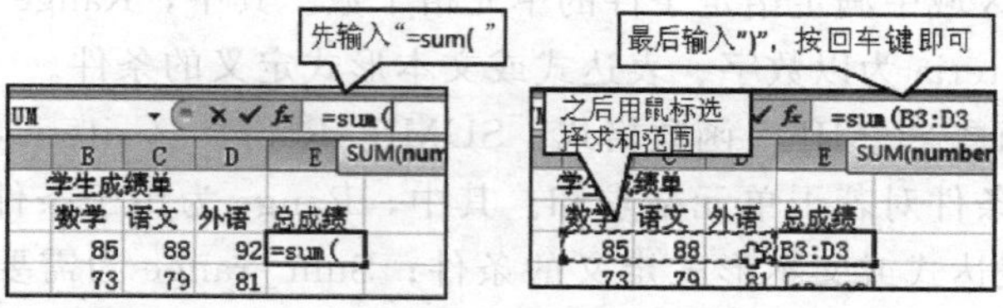

图 5-31　手动输入函数

三、常用的函数介绍

Excel 提供的函数有很多，下面介绍几个较为常用的函数。

(1) 求和函数 SUM　该函数计算各参数的和，参数可以是数值或含有数值的单元格的引用。

(2) 求平均值函数 AVERAGE　该函数计算各参数的平均值，参数可以是数值或含有数值的单元格的引用。

(3) 求最大值函数 MAX　该函数计算各参数中的最大值。

(4) 求最小值函数 MIN　该函数计算各参数中的最小值。

(5) 计数函数 COUNT　该函数统计各参数中数值型数据的个数。如果要统计非数据型数据的个数，可以使用 COUNTA 函数。

(6) 求绝对值函数 ABS　该函数返回给定数值的绝对值，即不带符号的数值。实际上就是求两个数的差的绝对值。

(7) 求众数函数 MODE　该函数返回一组数据或数据区域中的众数（出现频率最高的数）。

以上七个函数的功能不同，但这七个函数的使用方法基本相同，只要稍加练习就能熟练掌握，下面的函数掌握可能会有些难度，尤其当函数的参数较多时，必须要弄明白每个参数的具体功能才行。

(8) 求余函数 MOD　该函数格式：MOD（nExp1，nExp2）。

功能：两个数值表达式作除法运算后的余数。特别注意：在 Excel 中，MOD 函数是用于返回两数相除的余数，返回结果的符号与除数即第二个参数的符号相同。

例如：MOD（3，2）等于 1
MOD（－3，2）等于 1
MOD（3，－2）等于－1
MOD（－3，－2）等于－1

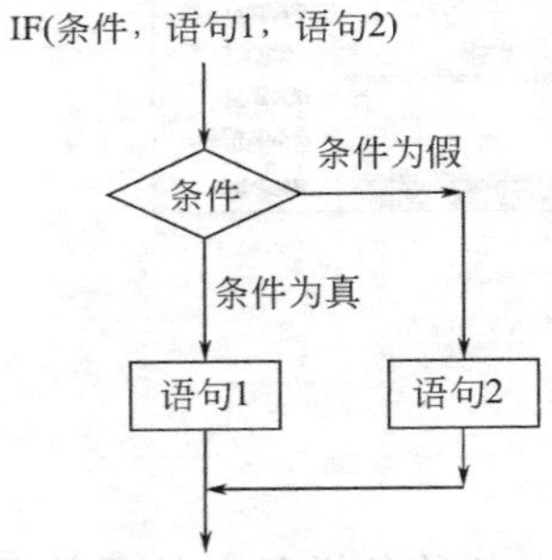

图 5-32　IF 语句执行流程图

(9) 条件函数 IF　该函数格式：IF（Logical_test，Value_if_true，Value_if_false）。

IF 函数也叫条件函数，函数有三个参数，第 1 个 Logical_test 是可以产生逻辑值的表达式，如果 Logical_test 的值为真，则函数的值为表达式 Value_if_true 的值，如果 Logical_test 的值为假，则函数的值为表达式 Value_if_false 的值。具体执行流程图如图 5-32 所示。

例如，IF（5>4，“A”，“B”）的结果为“A”。

IF 函数可以嵌套使用，最多可以嵌套 7 层。

(10) 条件计数函数 COUNTIF　函数格式：COUNTIF（Range，Criteria）。

功能：计算某个区域中满足给定条件的单元格个数。其中，Range 为要计算其中非空单元格数目的区域；Criteria 为以数字、表达式或文本形式定义的条件。

(11) 条件求和函数 SUMIF　函数格式：SUMIF(Range，Criteria，[Sum_range])。

功能：根据指定条件对若干单元格求和。其中，Range 为用于条件判断的单元格区域；Criteria 为以数字、表达式或文本形式定义的条件；Sum_range 为需要求和的实际单元格，另外 Sum_range 单元格可以省略，若 Sum_range 省略，则使用 Range 中单元格求和。

（12）条件求平均函数 AVERAGEIF　函数格式：AVERAGEIF（Range，Criteria，[Sum_range]）。

功能：根据指定条件对若干单元格求平均。此函数各参数的功能与 SUMIF 函数各参数的功能相同，只是此函数用来求平均。

（13）排名函数 RANK　函数格式：RANK（Number，Ref，Order）。

功能：返回某数字在一列数字中相对于其他数值的大小排名。其中，Number 为指定的数字；Ref 为一组数或对一个数据列表的引用（绝对地址引用）；Order 为指定排位的方式，0 值或忽略表示降序，非 0 值表示升序。

【实训要求】

① 新建一个工作簿，将 Sheet1 工作表重命名为“公式”，并输入如图 5-33 所示的内容。

	A	B	C	D	E	F	G	H	I	J
1	学生成绩表									
2	学号	姓名	性别	语文	数学	英语	总分	平均分	成绩评定	排名
3	001	陈明发	男	85	82	83				
4	002	李玉婷	女	85	75	86				
5	003	肖友梅	女	94	98	90				
6	004	牛兆祥	男	87	80	95				
7	005	李小虎	男	45	74	30				
8	006	钟承绪	女	72	76	88				
9	007	林南生	男	66	76	92				
10	008	彭晓婷	女	76	73	69				
11	009	邓同波	女	90	86	86				
12	010	王璧芬	女	24	51	68				
13	011	俞芳芳	女	89	84	69				
14	012	邓世仁	男	70	80	91				
15	013	程一敏	男	70	89	71				
16	014	金莉莉	女	82	79	84				
17	015	朱仙致	男	83	75	79				
18	016	齐杰芬	女	39	56	43				
19	017	严冬英	男	73	84	77				
20	018	李敏	女	89	97	77				
21										
22	各科最高分									
23	各科最低分									
24	各科成绩求众数									
25	男生人数				男生总分					
26	女生人数				女生总分					
27										

公式　Sheet2　Sheet3

图 5-33　实训原始图

② 完成相应单元格中的公式，各公式的具体要求和计算方法如表 5-1 所示。

表 5-1　各公式的具体要求和计算方法

总分	＝语文＋数学＋英语
平均分	三科平均分，结果保留两位小数
成绩评定	使用 IF()函数根据“平均分”列中的数据，在“成绩评定”列中显示“及格”或“不及格”
排名	使用 RANK()函数制作学生总分的排名
各科最高分、最低分	使用 MAX、MIN 计算出“语文”“数学”“英语”的最高分和最低分
各科成绩求众数	使用 MODE 函数求“语文”“数学”“英语”成绩众数
男、女生人数	使用 COUNTIF()函数求解，结果放到 C25、C26 单元格
男、女生总分	使用 SUMIF()函数求解，结果放到 F25、F26 单元格

③ 使用自动套用格式的方法，为表格中的数据套用一种格式样式（套用完格式后将自动筛选关闭），适当修改各单元格的格式，具体设置内容自拟；实训结果效果图如图 5-34 所示。

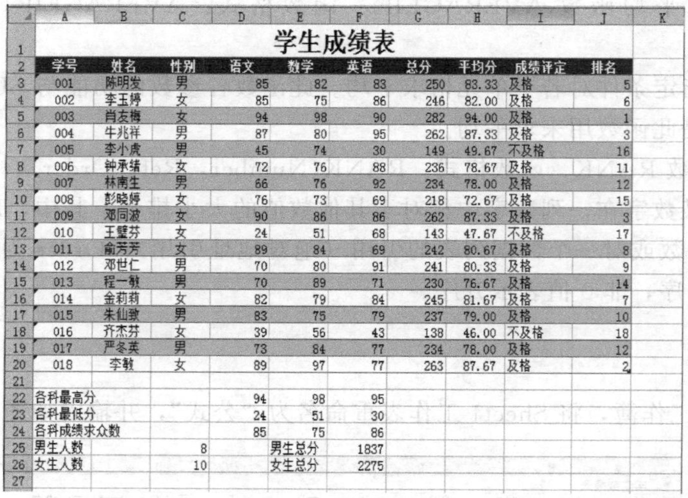

学号	姓名	性别	语文	数学	英语	总分	平均分	成绩评定	排名
001	陈明发	男	85	82	83	250	83.33	及格	5
002	李玉婷	女	85	75	86	246	82.00	及格	6
003	肖友梅	女	94	98	90	282	94.00	及格	1
004	牛兆祥	男	87	80	95	262	87.33	及格	3
005	李小虎	男	45	74	30	149	49.67	不及格	16
006	钟承绪	女	72	76	88	236	78.67	及格	11
007	林南生	男	66	76	92	234	78.00	及格	12
008	彭晓婷	女	76	73	69	218	72.67	及格	15
009	邓同波	女	90	86	86	262	87.33	及格	3
010	王璧芬	女	24	51	68	143	47.67	不及格	17
011	俞芳芳	女	89	84	69	242	80.67	及格	8
012	邓世仁	男	70	80	91	241	80.33	及格	9
013	程一敏	男	70	89	71	230	76.67	及格	14
014	金莉莉	女	82	79	84	245	81.67	及格	7
015	朱仙致	男	83	75	79	237	79.00	及格	10
016	齐杰芬	女	39	56	43	138	46.00	不及格	18
017	严冬英	男	73	84	77	234	78.00	及格	12
018	李敏	女	89	97	77	263	87.67	及格	2
各科最高分			94	98	95				
各科最低分			24	51	30				
各科成绩求众数			85	75	86				
男生人数		8		男生总分	1837				
女生人数		10		女生总分	2275				

图 5-34　实训结果效果图

【操作指导】

一、录入数据

本实训内容中使用的数据和实训项目十二使用的数据内容基本相同，具体录入数据的方法参见实训项目十二。

二、公式的制作

1. 求总分

根据题干要求，总分＝语文＋数学＋英语，对于 Excel 来说，这是一个非常简单的公式，我们首先求出陈明发的总分，从数据上看，陈明发的总分（G3）＝85（D3）＋82（E3）＋83（F3），也就是要在 G3 单元格中输入"＝D3＋E3＋F3"，在实际的操作中应该怎么操作才最简单、最不易出错呢？

首先选择 G3 单元格，通过键盘输入"＝"，然后再用鼠标单击 D3 单元格，这时会将 D3 拾取到公式中，再输入"＋"，同样再用鼠标单击 E3 单元格，这时 E3 也被拾取到了公式中，重复后两步，这样公式就输入完了，最后按回车键，G3 单元格显示计算的结果。具体过程如图 5-35 所示。

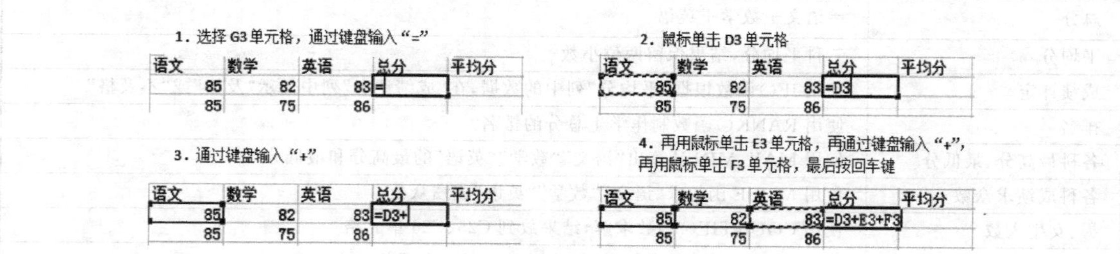

图 5-35　输入公式的过程

求出陈明发的总分后，就可以使用填充柄来计算其他人的总分了，具体方法如下：鼠标单击 G3 单元格，这时 G3 单元格的右下角会出现填充柄，双击填充柄就可实现当前列的填充了。

2. 求平均分

这里要使用 AVERAGE 函数，这是个简单的函数，只有一个参数即求平均数的范围（D3:F3）。和 AVERAGE 函数类似的函数还有 SUM、MAX、MIN、COUNT。

首先选择 H3 单元格，单击“插入函数”按钮后，会弹出“插入函数”对话框，选择“统计”类别，找到 AVERAGE 函数，如图 5-36 所示。

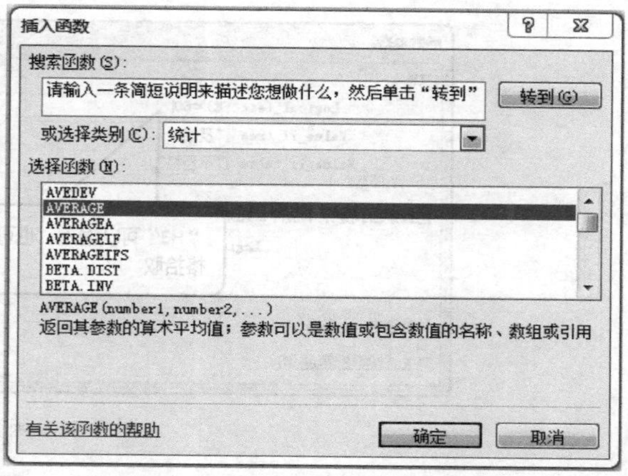

图 5-36 插入 AVERAGE 函数

单击“确定”按钮，输入参数计算平均数的范围 D3:F3，如图 5-37 所示。单击“确定”按钮，计算出 H3 的值，再通过填充完成这列的计算。注意保留两位小数。

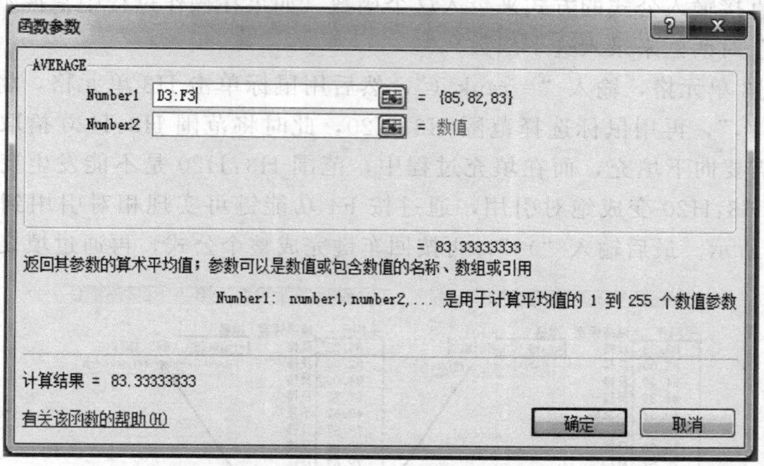

图 5-37 AVERAGE 函数的参数

3. 求成绩评定

首先选择 I3 单元格，单击“插入函数”按钮后，会弹出“插入函数”对话框，选择“逻辑”类别，找到 IF 函数，如图 5-38 所示。

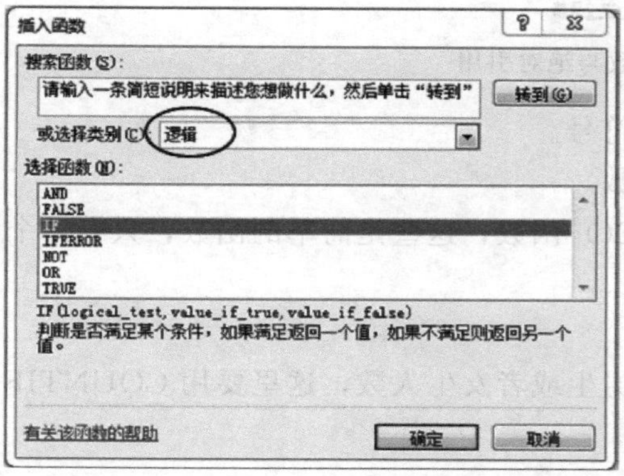

图 5-38 插入 IF 函数

单击“确定”按钮，弹出“函数参数”对话框，根据题干要求：当学生的平均分＞＝“60”时，其成绩评定为及格，否则为不及格，从而分析出 IF 函数的三个参数，以第三行数据为例，三个参数分别为：H3＞＝“60”，及格，不及格。将这三项内容分别输入到“函数参数”对话框中的对应位置上就可以了，单击“确定”按钮完成公式的录入，如图 5-39 所示。最后使用填充柄完成 I3 列公式的制作。

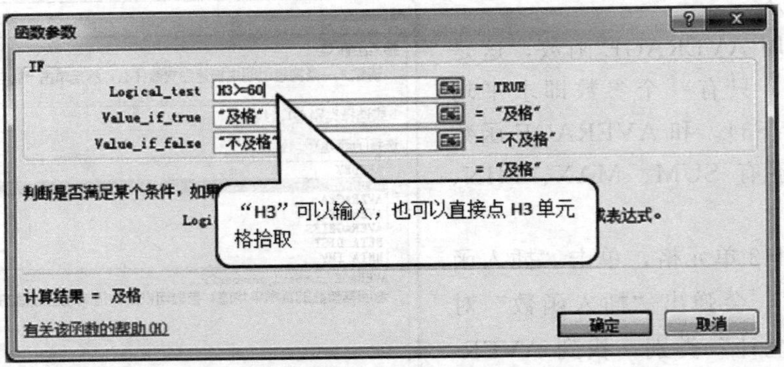

图 5-39　函数参数

4. 求排名

这里要用到一个新的函数 RANK，同时还需要使用绝对引用的知识，有一定的难度，用户在操作中一定要注意，具体操作过程如下。

这次采用直接输入公式的方式来录入这个函数（如果在操作过程中掌握不好，也可以使用"函数参数"对话框来录入这个函数）。

首先选择 J3 单元格，输入"=rank（"，然后用鼠标单击 H3 单元格，将 H3 拾取到公式中，再输入"，"，再用鼠标选择范围 H3:H20，此时将范围 H3:H20 拾取到公式中，因为 J 列的公式需要向下填充，而在填充过程中，范围 H3:H20 是不能发生变化的，因此这时需要将范围 H3:H20 变成绝对引用，通过按 F4 功能键可实现相对引用到绝对引用的转变，如图 5-40 所示。最后输入"）"，再按回车键完成整个公式，再通过填充柄进行填充。

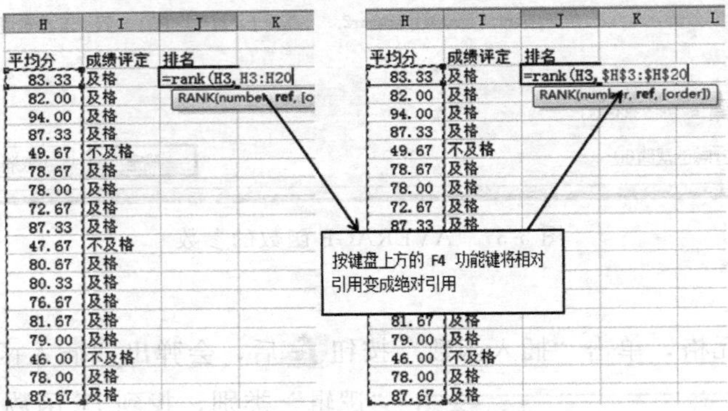

图 5-40　RANK 函数与绝对引用

注意：本例中使用的所有符号都是半角英文符号。

5. 求各科最高分、各科最低分、各科成绩众数

这里分别要使用 MAX()、MIN() 和 MODE() 函数，这些是简单的函数，只有一个参数即求值的范围，具体操作过程不再叙述。

6. 求男生人数、女生人数

求人数可以用 COUNT()，而这道题求的是男生或者女生人数，这里要用 COUNTIF() 函数，具体函数参数如图 5-41 所示。

7. 求男生总分、女生总分

求总分可以用 SUM()，而这道题求的是男生总分，这就和前一道题很相似了，要用 SUMIF

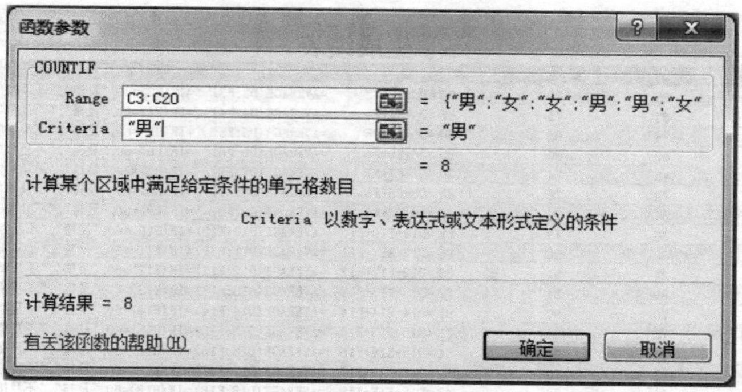

图 5-41　COUNTIF() 函数参数

() 函数。具体函数的参数如图 5-42 所示。和 SUMIF() 函数相似的函数还有 AVERAGEIF()。

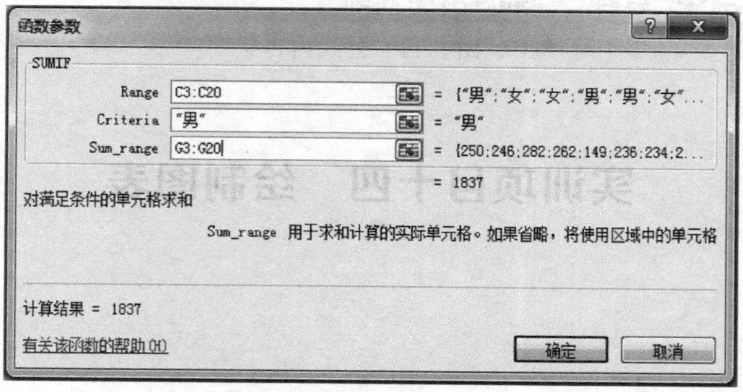

图 5-42　SUMIF() 函数参数

三、对表格进行适当的格式设置

参照效果图如图 5-43 所示。

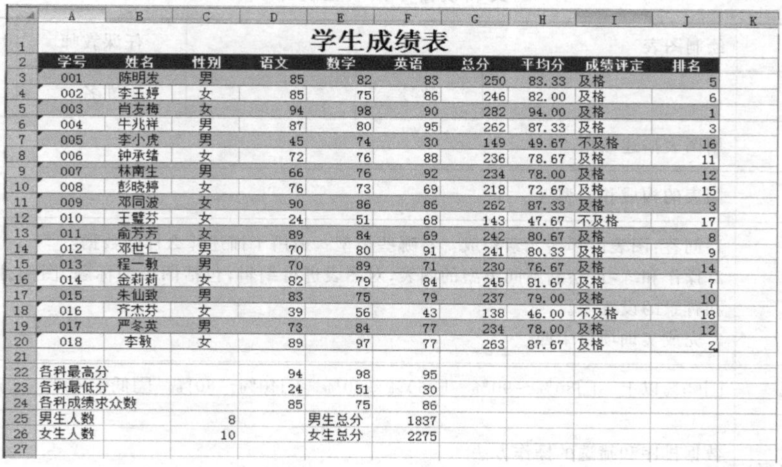

	A	B	C	D	E	F	G	H	I	J	K
1	学生成绩表										
2	学号	姓名	性别	语文	数学	英语	总分	平均分	成绩评定	排名	
3	001	陈明发	男	85	82	83	250	83.33	及格	5	
4	002	李玉婷	女	85	75	86	246	82.00	及格	6	
5	003	肖友梅	女	94	98	90	282	94.00	及格	1	
6	004	牛兆祥	男	87	80	95	262	87.33	及格	3	
7	005	李小虎	男	45	74	30	149	49.67	不及格	16	
8	006	钟承绪	女	72	76	88	236	78.67	及格	11	
9	007	林南生	男	66	76	92	234	78.00	及格	12	
10	008	彭晓婷	女	76	73	69	218	72.67	及格	15	
11	009	邓同波	女	90	86	86	262	87.33	及格	3	
12	010	王璧芬	女	24	51	68	143	47.67	不及格	17	
13	011	俞芳芳	女	89	84	69	242	80.67	及格	8	
14	012	邓世仁	男	70	80	91	241	80.33	及格	9	
15	013	程一敏	男	70	89	71	230	76.67	及格	14	
16	014	金莉莉	女	82	79	84	245	81.67	及格	7	
17	015	朱仙致	男	83	75	79	237	79.00	及格	10	
18	016	齐杰芬	女	39	56	43	138	46.00	不及格	18	
19	017	严冬英	男	73	84	77	234	78.00	及格	12	
20	018	李敏	女	89	97	77	263	87.67	及格	2	
21											
22	各科最高分			94	98	95					
23	各科最低分			24	51	30					
24	各科成绩求众数			85	75	86					
25	男生人数		8		男生总分	1837					
26	女生人数		10		女生总分	2275					
27											

图 5-43　参照效果图

各单元格内具体的公式内容如图 5-44 所示。

学生成绩表

学号	姓名	性别	语文	数学	英语	总分	平均分	成绩评定	排名
001	陈明发	男	85	82	83	=D3+E3+F3	=AVERAGE(D3:F3)	=IF(H3>=60,"及格","不及格")	=RANK(H3,$H$3:$H$20,0)
002	李玉婷	女	85	75	86	=D4+E4+F4	=AVERAGE(D4:F4)	=IF(H4>=60,"及格","不及格")	=RANK(H4,$H$3:$H$20,0)
003	肖友梅	女	94	98	90	=D5+E5+F5	=AVERAGE(D5:F5)	=IF(H5>=60,"及格","不及格")	=RANK(H5,$H$3:$H$20,0)
004	牛兆祥	男	87	80	95	=D6+E6+F6	=AVERAGE(D6:F6)	=IF(H6>=60,"及格","不及格")	=RANK(H6,$H$3:$H$20,0)
005	李小虎	男	45	74	30	=D7+E7+F7	=AVERAGE(D7:F7)	=IF(H7>=60,"及格","不及格")	=RANK(H7,$H$3:$H$20,0)
006	钟承绪	女	72	76	88	=D8+E8+F8	=AVERAGE(D8:F8)	=IF(H8>=60,"及格","不及格")	=RANK(H8,$H$3:$H$20,0)
007	林南生	男	66	76	92	=D8+E8+F9	=AVERAGE(D9:F9)	=IF(H9>=60,"及格","不及格")	=RANK(H9,$H$3:$H$20,0)
008	彭晓婷	女	76	73	69	=D10+E10+F10	=AVERAGE(D10:F10)	=IF(H10>=60,"及格","不及格")	=RANK(H10,$H$3:$H$20,0)
009	邓同波	女	90	86	86	=D11+E11+F11	=AVERAGE(D11:F11)	=IF(H11>=60,"及格","不及格")	=RANK(H11,$H$3:$H$20,0)
010	王鳖芬	女	24	51	68	=D12+E12+F12	=AVERAGE(D12:F12)	=IF(H12>=60,"及格","不及格")	=RANK(H12,$H$3:$H$20,0)
011	俞芳芳	女	89	84	69	=D13+E13+F13	=AVERAGE(D13:F13)	=IF(H13>=60,"及格","不及格")	=RANK(H13,$H$3:$H$20,0)
012	邓世仁	男	70	80	91	=D14+E14+F14	=AVERAGE(D14:F14)	=IF(H14>=60,"及格","不及格")	=RANK(H14,$H$3:$H$20,0)
013	程一敏	男	70	89	71	=D15+E15+F15	=AVERAGE(D15:F15)	=IF(H15>=60,"及格","不及格")	=RANK(H15,$H$3:$H$20,0)
014	金莉莉	女	82	79	84	=D16+E16+F16	=AVERAGE(D16:F16)	=IF(H16>=60,"及格","不及格")	=RANK(H16,$H$3:$H$20,0)
015	朱仙致	男	83	75	79	=D17+E17+F17	=AVERAGE(D17:F17)	=IF(H17>=60,"及格","不及格")	=RANK(H17,$H$3:$H$20,0)
016	齐杰芬	女	39	56	43	=D18+E18+F18	=AVERAGE(D18:F18)	=IF(H18>=60,"及格","不及格")	=RANK(H18,$H$3:$H$20,0)
017	严冬英	男	73	84	77	=D19+E19+F19	=AVERAGE(D19:F19)	=IF(H19>=60,"及格","不及格")	=RANK(H19,$H$3:$H$20,0)
018	李敏	女	89	97	77	=D20+E20+F20	=AVERAGE(D20:F20)	=IF(H20>=60,"及格","不及格")	=RANK(H20,$H$3:$H$20,0)
各科最高分			=MAX(D3:D20)	=MAX(E3:E20)	=MAX(F3:F20)				
各科最低分			=MIN(D3:D20)	=MIN(E3:E20)	=MIN(F3:F20)				
各科成绩求众数			=MODE(D3:D20)	=MODE(E3:E20)	=MODE(F3:F20)				
男生人数		=COUNTIF(C3:C20,"男")		男生总分	=SUMIF(C3:C20,"男",G3:G20)				
女生人数		=COUNTIF(C3:C20,"女")		女生总分	=SUMIF(C3:C20,"女",G3:G20)				

图 5-44　公式内容

实训项目十四　绘制图表

实训目的 ▶▶▶

认识图表，掌握制作图表的方法。

实训内容 ▶▶▶

实训项目十四　任务单

实训标题	绘制图表		任课教师	
班级		学号	姓名	
学习情境	用图表描述数据			
课前预习	图表的构成和类型			
课堂学习	1. 问答：图表由哪些元素构成？有哪些类型？适用于描述什么样的数据？ 2. 操作和练习：绘制不同类型的图表，对图表进行编辑，包括图表的标题、图例、网格线、数据标签和背景的设置等。 3. 完成实训项目十四			
单元掌握情况	□90%以上　□80%～90%　□60%～80%　□40%～60%　□低于 40%			
课后任务 （含下单元预习内容）	数据排序和筛选的操作方法			
单元学习 内容总结				

【知识链接】

一、图表的构成

在用 Excel 作图表之前，先了解一下图表的各种构成元素。

一个图表大致由图表标题、图例和绘图区构成，如图 5-45 所示。绘图区又包括数据系列、数据标签、坐标轴、网格线等元素。

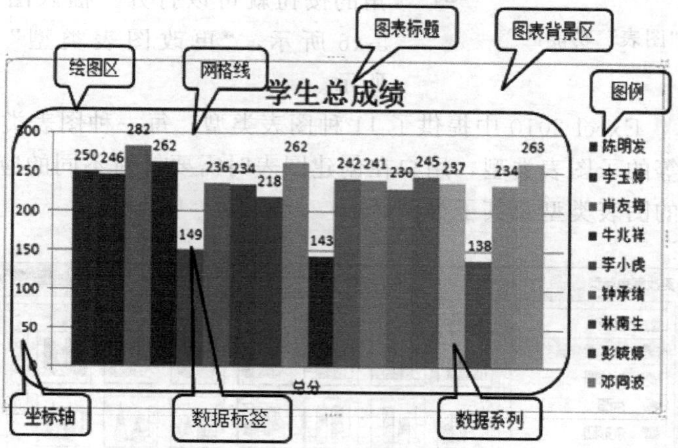

图 5-45 图表的构成

图表标题是显示在绘图区上方的文本框且只有一个。图表标题的作用就是简明扼要地概述图表。

图例是显示各个系列代表的内容。由图例项和图例项标识组成，默认显示在绘图区的右侧。

绘图区是指图表区内的图形表示的范围，即以坐标轴为边的长方形区域。可以改变绘图区边框的样式和内部区域的填充颜色及效果。绘图区中包含以下五个项目：数据系列、数据标签、坐标轴、网格线、其他内容。

数据系列：数据系列对应工作表中的一行或者一列数据。

数据标签：数据标签使图表更易于理解，它们显示数据系列或其单个数据点的详细信息。

坐标轴：按位置不同可分为主坐标轴和次坐标轴，默认显示的是绘图区左边的主 Y 轴和下边的主 X 轴。

网格线：网格线用于显示各数据点的具体位置，同样有主次之分。

在生成的图表上鼠标移动到哪里都会显示要素的名称，熟识这些名称能让用户更好更快地对图表进行设置。

二、创建图表的基本方法

要建立 Excel 图表，首先需要对建立图表的 Excel 工作表进行认真分析：一要考虑选取工作表中的哪些数据，即创建图表的可用数据；二要考虑用什么类型的图表；三要考虑如何对图表的内部元素进行编辑和格式设置。只有这样，才能使创建的图表形象、直观，具有专业化和可视化效果。

创建一个专业化的 Excel 图表一般采用如下步骤。

① 选择数据源，从工作表中选择创建图表的可用数据。

② 选择合适的图表类型及其子类型，单击“插入”选项卡，在“图表”功能组中选择一个合适的主图表和子图表，就可以轻松创建一个没有经过编辑和格式设置的初始化图表。

图 5-46 “图表”功能区

③ 对以上第②步创建的初始化图表进行编辑和格式化设置。

对于第②步，也可以打开“插入图表”对话框来创建初始化图表，点击“图表”功能区右下角的按钮就可以打开“插入图表”对话框，如图 5-46 所示，“更改图表类型”对话框如图 5-47 所示。

如图 5-47 所示，Excel 2010 中提供了 11 种图表类型，每一种图表类型中又包含了少到几种多到十几种不等的子图表类型，用户在创建图表时需要针对不同的应用场合和不同的使用范围，选择不同的图表类型及其子类型。

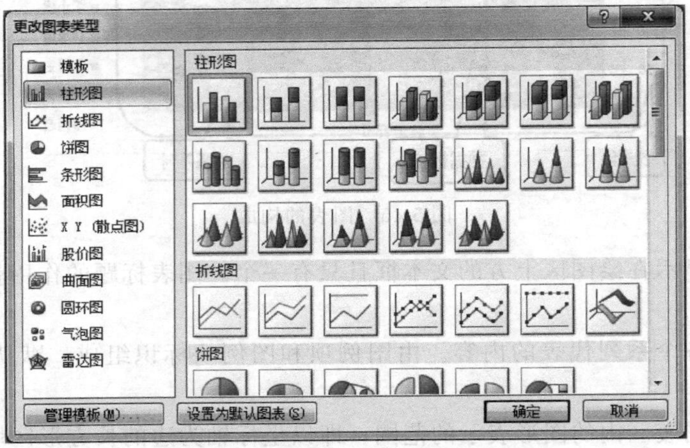

图 5-47 “更改图表类型”对话框

【实训要求】

使用实训项目十三中的结果，绘制一个“簇状柱形图”，用于比较学生的各科成绩，具体要求如下。

① 布局格式采用布局 4。

② 无数据标签，在图表上方增加标题，内容为“学生各科成绩”。

③ 图表区域格式背景填充设为“渐变填充”→“预设颜色”→“雨后初晴”。

④ 绘图区域格式背景填充设为“图片与纹理填充”→“纹理”→“新闻纸”。

⑤ 数值坐标轴最小值设置为 20，最大值为 100。

⑥ 将图表放置于 A30～J50 范围内。

⑦ 实训结果效果图如图 5-48 所示。

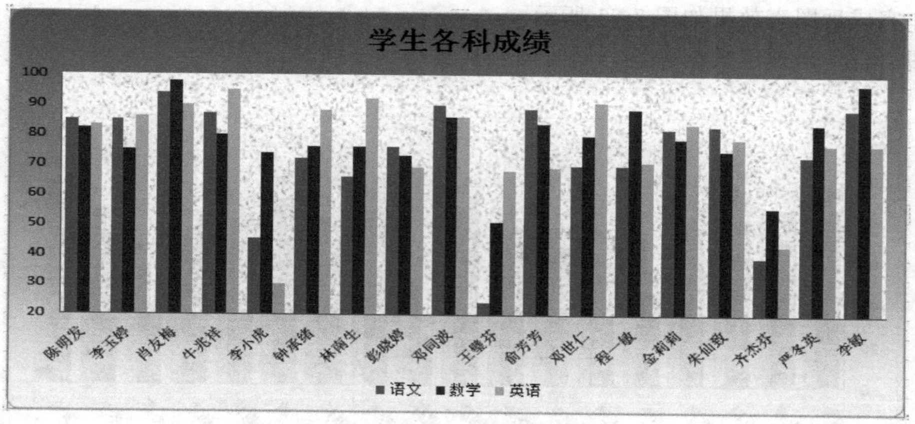

图 5-48　实训结果效果图

【操作指导】

一、作图表

首先要选择数据，按照要求，选择姓名、语文、数学和英语四列，具体选择范围是：B2:B20，D2:F20（配合 Ctrl 键进行选择），单击“插入”选项卡下的“图表”功能组中的“柱形图”，之后在弹出的菜单中选择“簇状柱形图”。此时会在工作表中生成一个浮于单元格上方的原始图表，如图 5-49 所示。

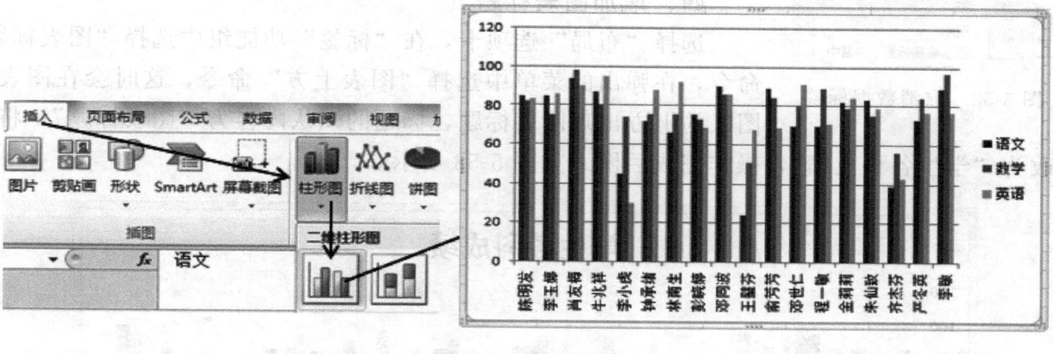

图 5-49　原始图表

二、修改布局格式

原始图表建成后，会增加三个图表工具选项卡，用于设置图表的属性，首先选择“设计”选项卡，在“图表布局”功能组中选择“布局 4”，如图 5-50 所示。

图 5-50　设置图表布局格式

操作完成后图表效果如图 5-51 所示。

该图表自动出现了数据标签，同时图例被移动到下面。

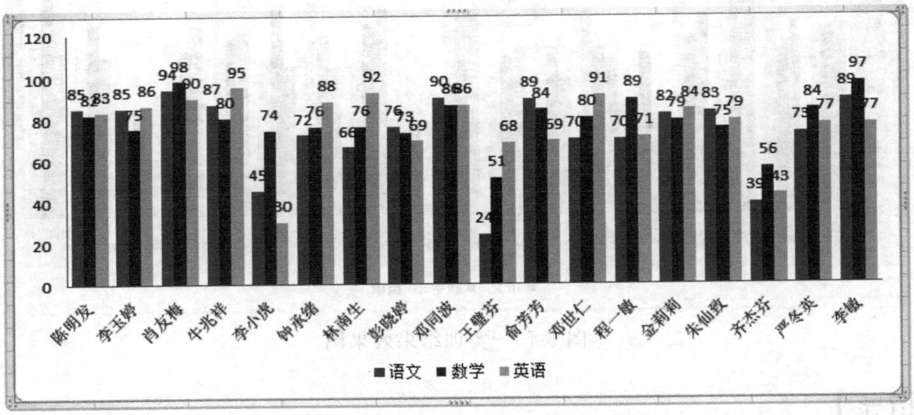

图 5-51　图表效果

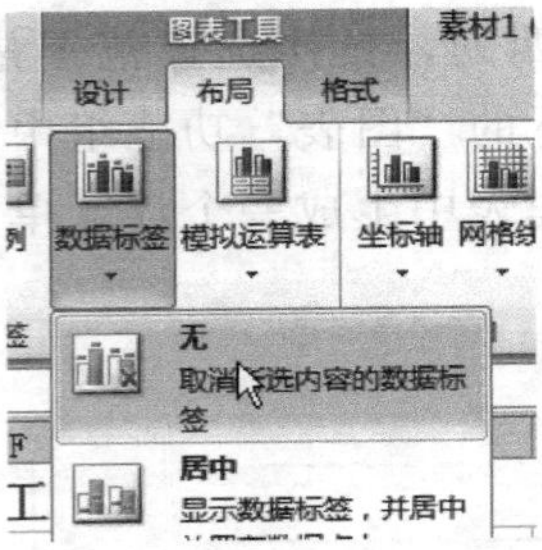

图 5-52　取消数据标签

三、取消数据标签

使用布局 4 格式后，图表自动出现了数据标签，选择“布局”选项卡，在“标签”功能组中选择“数据标签”命令，在弹出的菜单中选择“无”命令就可以取消掉数据标签了，如图 5-52 所示。

四、增加图表标题

选择“布局”选项卡，在“标签”功能组中选择“图表标题”命令，在弹出的菜单中选择“图表上方”命令，这时会在图表绘图区的上方出现图表标题，标题的默认内容为“图表标题”，将其修改为“学生各科成绩”，操作完成后图表如图 5-53 所示。

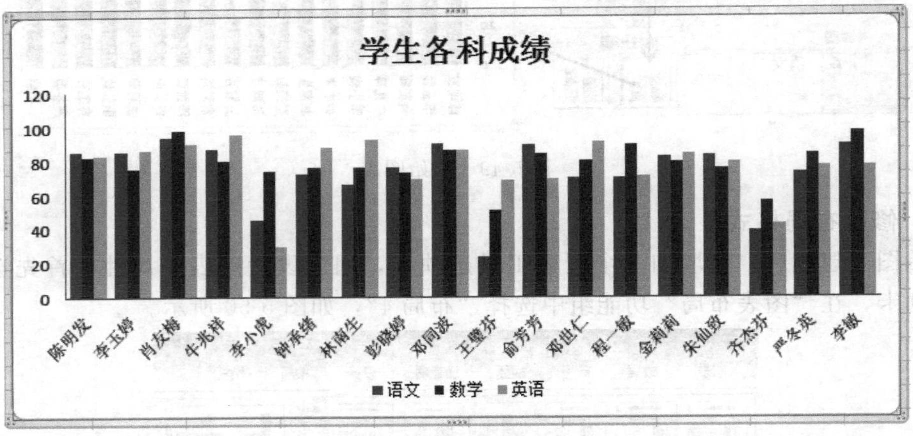

图 5-53　增加图表标题

五、修改图表区域背景填充

选择“格式”选项卡，在“标签”功能组中选择“图表标题”命令，在“当前所选内容”功能组中的“选择对象”下拉列表框中选择“图表区”，之后选择“设置所选内容格式”

命令，这时会弹出“设置图表区格式”对话框，选择“填充”，再选择“渐变填充”，之后在“预设颜色”中选择“雨后初晴”，具体过程如图 5-54 所示。

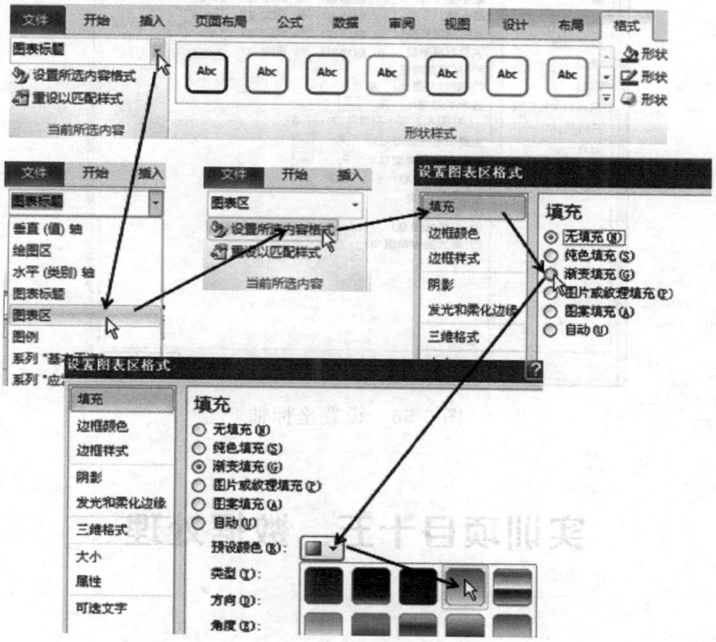

图 5-54　设置图表区背景填充

六、修改绘图区域背景填充

方法同步骤五，只是在选择对象时选择“绘图区”。同时填充内容设置为“图片或纹理填充”中“纹理”效果中的“新闻纸”。

步骤五和步骤六完成后，图表的效果图如图 5-55 所示。

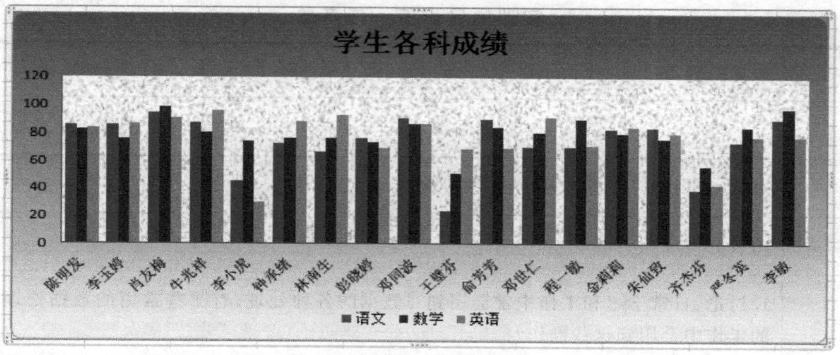

图 5-55　图表的效果图

七、修改数值坐标轴

在“选择对象”下拉列表中选择“垂直（值）轴”，之后选择“设置所选区域格式”命令，这时会弹出“设置坐标轴格式”对话框，在坐标轴选项中，设置最小值为“固定”，并在后面的文本框中输入“20”，再设置最大值为“固定”，并在后面的文本框中输入“100”，如图 5-56 所示。

八、放置图表

适当调整图表的大小，并将其移动到 A30～J50 区域中。

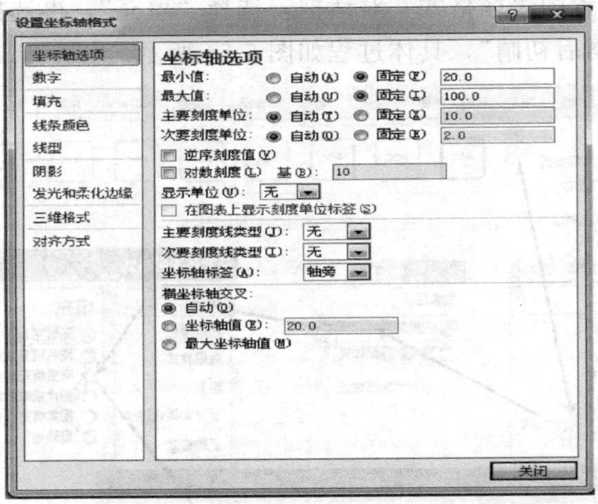

图 5-56 设置坐标轴

实训项目十五 数据处理

实训目的

掌握常用的数据处理方法。

实训内容

实训项目十五 任务单

实训标题	数据处理			任课教师	
班级		学号		姓名	
学习情境	对数据进行排序、筛选、分类汇总等操作				
课前预习	图表的构成和类型				
课堂学习	1. 讨论：日常学习和工作中常会用到对数据的各种处理，有哪些常用的数据处理方式？在什么样的工作中会用到这些操作？ 2. 操作和练习：对成绩表进行数据的排序、筛选、分类汇总和制作数据透视表等操作。 3. 完成实训项目十五				
单元掌握情况	□90%以上 □80%～90% □60%～80% □40%～60% □低于 40%				
课后任务 （含下单元预习内容）	完成对成绩表的数据处理操作				
单元学习 内容总结					

实训指导 ▶▶▶

【知识链接】

一、数据排序

数据排序是指按一定规则对数据进行整理、排列。用户可对数据表中一列或多列数据按升序（数字 1→9，字母 A→Z）或降序（数字 9→1，字母 Z→A）排序。数据排序分为简单排序和多重排序。

1. 简单排序

简单排序也叫单关键字排序，可以使用“开始”选项卡中的“编辑”功能组中的“排序与筛选”功能项来实现。

2. 多重排序

简单排序只能按某一列进行排序。有时候排序的字段会出现相同数据项，这个时候就必须要按多个字段进行排序，即多重排序。多重排序就一定要使用对话框来完成。Excel 2010 为用户提供了多级排序：主要关键字、次要关键字、次次要关键字等，每个关键字就是一个字段，每一个字段均可按“升序”即递增方式或“降序”即递减方式进行排序。

二、数据的分类汇总

数据的分类汇总是指对数据清单中的某个字段中的数据进行分类，并对各类数据快速进行统计计算。Excel 提供了 11 种汇总类型，包括求和、计数、统计、最大、最小、平均值等，默认的汇总方式为求和。在实际工作中，常常需要对一系列数据进行小计和合计，这时可以使用 Excel 提供的分类汇总功能。

需要特别指出的是，在分类汇总之前，必须先对需要分类的数据项进行排序，然后再按该字段进行分类，并分别为各类数据的数据项进行统计汇总。

【例】 对图 5-57 所示的职工工资情况表的内容进行分类汇总，分类字段为“部门”，汇总方式为“求平均值”，汇总项为“应发工资”和“实发工资”。

职工工资情况表									
职工号	姓名	部门	职称	基本工资	岗位津贴	应发工资	扣公积金	奖金	实发工资
0015	刘楠	基础部	讲师	3999	1022	5021	479.9	600	5141.1
0013	陈小旭	护理分院	副教授	3980	1321	5301	477.6	600	5423.4
0045	李东明	师范分院	助教	3000	860	3860	360.0	600	4100.0
0007	王平	基础部	教授	4350	1670	6020	522.0	800	6298.0
0082	付强	护理分院	见习	2300	560	2860	276.0	600	3184.0
0017	刘宁	护理分院	副教授	3788	1123	4911	454.6	600	5056.4
0023	孙东明	师范分院	副教授	3716	1231	4947	445.9	600	5101.1
0025	宋宝友	基础部	讲师	3651	1105	4756	438.1	600	4917.9
0019	赵文全	机电系	讲师	3323	897	4220	398.8	600	4421.2

图 5-57 职工工资情况表

操作步骤如下。

① 首先对需要分类汇总的字段进行排序。在本例中需要对“部门”字段进行排序。即选择部门列任意一个单元格，然后在“排序和筛选”功能组中进行升序或降序排序。

② 单击“数据”选项卡下面的“分级显示”功能组中的“分类汇总”按钮，打开“分类汇总”对话框，如图 5-58 所示。

③ 在“分类字段”下拉列表框中选择“部门”选项。

④ 在“汇总方式”下拉列表框中有求和、计数、平均值、最大、最小等，这里选择

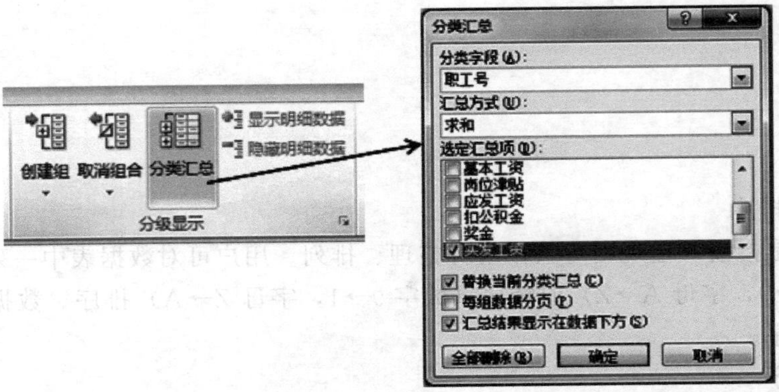

图 5-58 分类汇总

“平均值”选项。

⑤ 在“选定汇总项”列表框中选中“应发工资”“实发工资”复选框，并同时取消其余默认的汇总项。

⑥ 单击“确定”按钮，完成分类汇总。结果显示如图 5-59 所示。

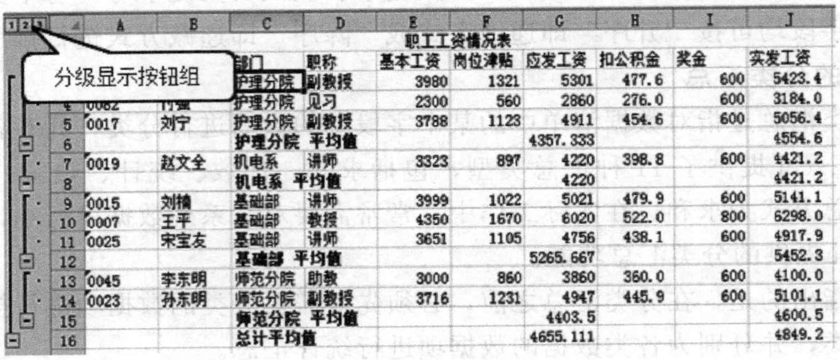

图 5-59 分类汇总结果

分类汇总的结果通常按三级显示，可以通过单击分级显示区上方的三个按钮进行控制：单击“1”按钮只显示列表中的列标题和总的汇总结果；单击“2”按钮显示各个分类汇总的结果和总的汇总结果；单击“3”按钮显示全部数据和所有的汇总结果。

在分级显示区中还有“+”“−”等分级显示符号，其中“+”号按钮表示将高一级展开为低一级的数据，“−”号按钮表示将低一级折叠为高一级的数据。

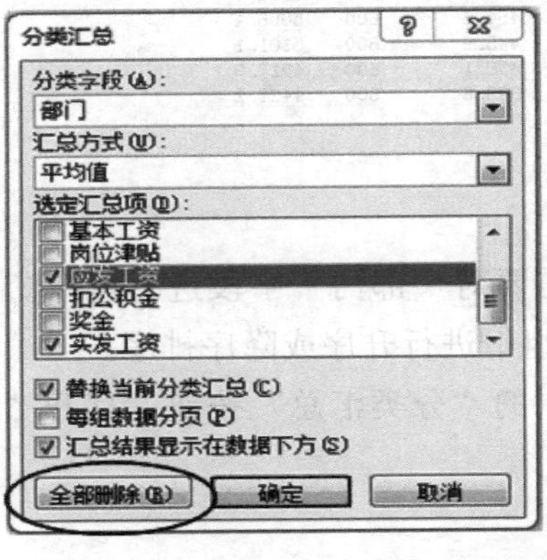

图 5-60 “分类汇总”对话框

如果要取消分类汇总，可以在“分级显示”功能组中再次单击“分类汇总”按钮，在打开的“分类汇总”对话框中单击“全部删除”按钮即可，如图 5-60 所示。

三、数据的筛选

筛选是指从数据清单中找出符合特定条件的数据记录。也就是把符合条件的记录显示出来，而把其他不符合条件的记录暂时隐藏起来。Excel 2010 提供了两种筛选方法：自动筛选和高级筛选。一般情况下，自动筛选就能够满足大部分的需要。但是，当需要利用复杂的条件来筛选数据时，就必须使用高级筛选才能达到目的。

1. 自动筛选

自动筛选给用户提供了快速访问大数据清单的方法。

【例】 在职工工资情况表中显示“实发工资”排在前三位的记录。

操作步骤如下。

① 选定数据清单中的任意一个单元格。

② 单击“数据”选项卡，在打开的“排序和筛选”功能组中，单击“筛选”按钮，这时在数据清单的每个字段名旁边显示出下三角箭头，此为筛选器箭头。

③ 单击“实发工资”字段名旁边的“筛选器箭头”，弹出其下拉列表，再单击“数字筛选”→“10 个最大的值”选项，打开“自动筛选前 10 个”对话框，如图 5-61 所示。

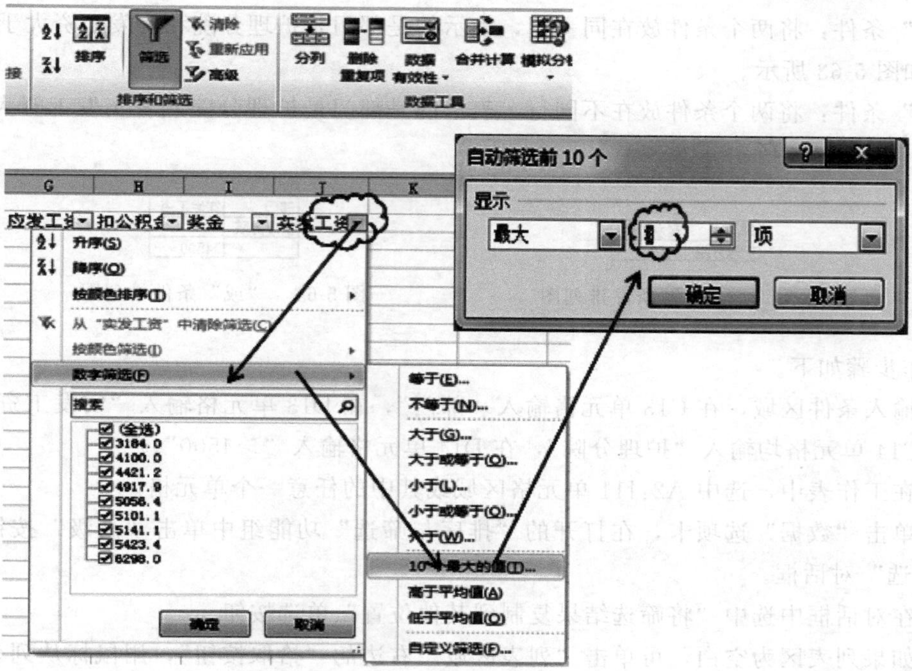

图 5-61 自动筛选

④ 在“自动筛选前 10 个”对话框中，指定“显示”的条件为“最大”“3”“项”。

⑤ 最后单击“确定”按钮，在数据清单中显示出实发工资最高的三条记录，其他记录被暂时隐藏起来。被筛选出来的记录行号显示为蓝色，该列的列号右边的筛选器箭头也发生了变化，筛选结果如图 5-62 所示。

	A	B	C	D	E	F	G	H	I	J
1					职工工资情况表					
2	职工号	姓名	部门	职称	基本工资	岗位津贴	应发工资	扣公积金	奖金	实发工资
3	0015	刘楠	基础部	讲师	3999	1022	5021	479.9	600	5141.1
4	0013	陈小旭	护理分院	副教授	3980	1321	5301	477.6	600	5423.4
6	0007	王平	基础部	教授	4350	1670	6020	522.0	800	6298.0

图 5-62 筛选结果

对于某个字段来说，可进行筛选的条件是非常多的，这里就不一一列举了，当然也可以对多列进行筛选，当多列都有筛选条件时，各列的条件是“并且”的关系，也就是交集。

2.高级筛选

和自动筛选相比，高级筛选的操作要复杂得多，对于有些无法用自动筛选完成的功能可以通过高级筛选来完成，如多列之间的“或”关系。

下面我们通过实例来说明问题。

【例】 在职工工资情况表中筛选出部门是护理分院、实发工资大于 4500 的记录。

要将符合两个及两个以上不同字段的条件的数据筛选出来，倘若使用自动筛选来完成，需要对“部门”和“实发工资”两个字段分别进行筛选，即双重筛选来完成。双重筛选的方法与上两例相似，在此不再阐述。

如果使用“高级筛选”的方法来完成，则必须在工作表的一个区域设置“条件”，即“条件区域”。两个条件的逻辑关系有“与”和“或”的关系，在条件区域“与”和“或”的关系表达式是不同的，其表达方式如下。

“与”条件：将两个条件放在同一行，表示的是部门是护理分院和实发工资大于 4500 的记录，如图 5-63 所示。

“或”条件：将两个条件放在不同行，表示的是部门是护理分院或者实发工资大于 4500 的记录，如图 5-64 所示。

部门	实发工资
护理分院	>4500

图 5-63 “与”条件排列图

部门	实发工资
护理分院	
	>4500

图 5-64 “或”条件排列图

操作步骤如下。

① 输入条件区域，在 C13 单元格输入“部门”，在 D13 单元格输入“实发工资”，在下一行的 C14 单元格均输入“护理分院”，在 D14 单元格输入“＞4500”。

② 在工作表中，选中 A2:J11 单元格区域或其中的任意一个单元格。

③ 单击“数据”选项卡，在打开的“排序与筛选”功能组中单击“高级”按钮，打开“高级筛选”对话框。

④ 在对话框中选中“将筛选结果复制到其他位置”单选按钮。

⑤ 如果列表区为空白，可单击“列表区域”右边的“拾取按钮”，用鼠标从列表区域的 A2 单元格拖动到 J11 单元格，输入框中出现“＄A＄2:＄J＄11”。

⑥ 再单击“条件区域”右边的“拾取”按钮，用鼠标从条件区域的 C13 拖动到 D14。

⑦ 再单击“复制到”右边的“拾取”按钮，选择筛选结果显示区域的第一个单元格 A16。

⑧ 单击“确定”按钮，即可完成高级筛选。

操作过程如图 5-65 所示。

四、数据透视表

数据透视表是比“分类汇总”更为灵活的一种数据统计和分析方法。它可以同时灵活变换多个需要统计的字段，这样来对一组数值进行统计分析，统计可以是求和、计数、最大值、最小值、平均值、数值计数、标准偏差、方差等。利用数据透视表可以从不同方面对数据进行分类汇总。

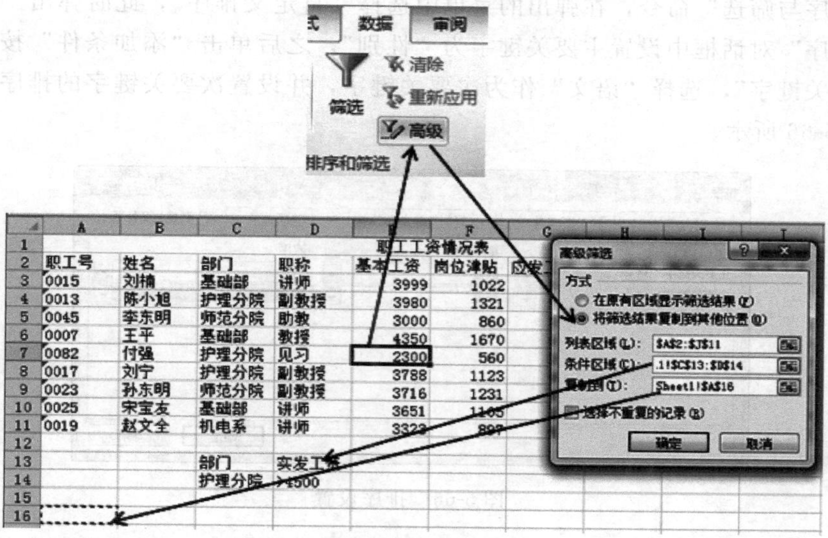

图 5-65　高级筛选

【实训要求】

使用实训项目十三中的结果完成下面操作。

① 将“公式”工作表中的数据表再复制出五份，生成五张同样的工作表。

② 将这五张工作表的名称分别改为：排序、自动筛选、高级筛选、分类汇总和数据透视表。

③ 排序：将“排序”工作表按性别升序排序，性别相同按语文成绩降序排序。

④ 自动筛选：在“自动筛选”工作表中，通过自动筛选，显示“语文”大于 80 的男学生信息。

⑤ 高级筛选：在“高级筛选”工作表中，先在表格最上方增加三行，用于存放筛选条件，通过高级筛选命令，显示“英语”大于 80 的女学生信息，筛选结果存放到 A26 开始的单元格中。

⑥ 分类汇总：在“分类汇总”工作表中，统计男女同学的各科总分。

⑦ 数据透视表：在“数据透视表”工作表中，建立一个数据透视表，将透视表放于当前工作表中 A24 开始的单元格中，设置行标签为“性别”“姓名”，数值项为“语文”“数学”“英语”，汇总方式为求平均。

【操作指导】

① 右键单击“公式”工作表的标签，通过快捷菜单复制该工作表，连续使用此方法，共复制出五个同样的工作表。

② 通过工作表标签上的快捷菜单，将“公式”工作表和复制出来的五张工作表分别重命名为：排序、自动筛选、高级筛选、分类汇总和数据透视表。

③ 打开“排序”工作表，在数据区域（A2～J20）范围内的任意一个单元格中单击鼠标（注意：其实本次实训的所有项目，在具体操作前都是要先保证光标位于数据区域的某一个单元格中，这一点看似简单，但千万不要忽略），之后选择“开始”选项卡中“编辑”功能

组中的“排序与筛选”命令，在弹出的菜单中选择“自定义排序”，此时弹出“排序”对话框，在“排序”对话框中设置主要关键字为“性别”，之后单击“添加条件”按钮，此时会出现“次要关键字”，选择“语文”作为次要关键字，并设置次要关键字的排序次序为“降序”，如图 5-66 所示。

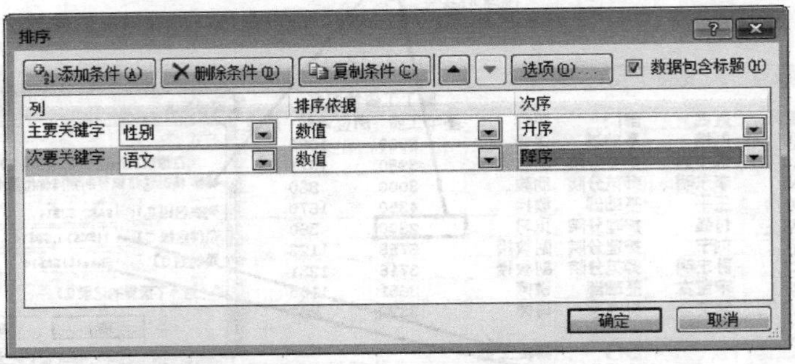

图 5-66　排序设置

④ 自动筛选：打开“自动筛选”工作表，在数据区域（A2～J20）范围内的任意一个单元格中单击鼠标，之后选择“开始”选项卡中“编辑”功能组中的“排序与筛选”命令，在弹出的菜单中选择“筛选”命令，这时数据表的列标题右侧会出现一个小箭头，如 性别 ▼，通过这个小箭头就可以设置筛选条件了，本题中要设置两个条件，首先单击“性别”右侧的小箭头，在弹出对话框的选项区选择“男”，单击“确定”按钮，然后再单击“语文”右侧的小箭头，在弹出的对话框中选择“数字筛选”，之后再选择“大于”，这时会弹出一个新的对话框，在这个对话框中输入数值“80”，按“确定”按钮，就完成了筛选操作，如图 5-67 所示。

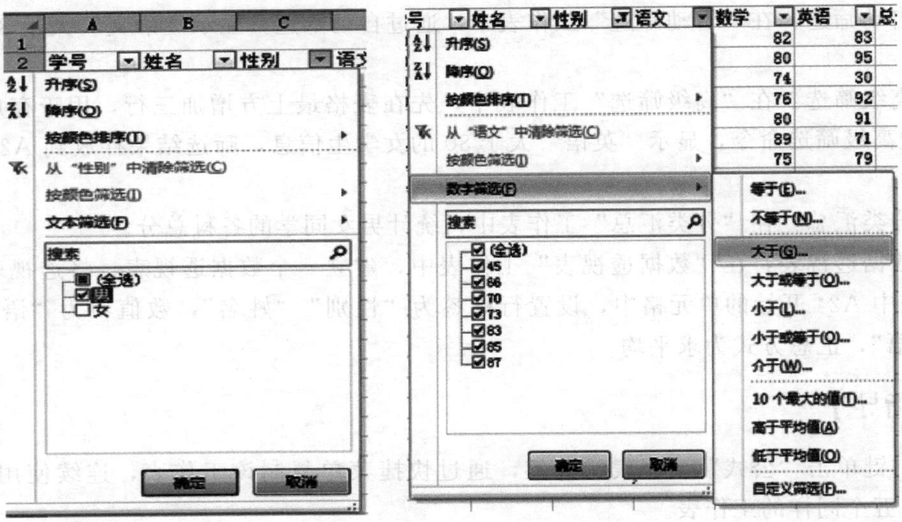

图 5-67　自动筛选操作

自动筛选的结果如图 5-68 所示。

⑤ 高级筛选：右键单击第一行的行号，在弹出的快捷菜单中单击“插入”命令，这时会在第一行前插入一个空行，同样办法再插入两个空行，使用这三个空行来插入高级筛选要

A	B	C	D	E	F	G	H	I	J
				学生成绩表					
学号	姓名	性别	语文	数学	英语	总分	平均分	成绩评定	排名
001	陈明发	男	85	82	83	250	83.33	及格	5
004	牛兆祥	男	87	80	95	262	87.33	及格	3
015	朱仙致	男	83	75	79	237	79.00	及格	10

图 5-68　自动筛选的结果

用到的条件。接下来要手动输入条件，本实训中要求的筛选条件有两个，一是性别＝“女”，二是英语＞“80”，这两个条件是“并且”的关系，首先在 C1 单元格中输入“性别”，在 C2 单元格中输入“女”，这样就完成了条件一的输入，同样在 F1 单元格输入“英语”，在 F2 单元格输入“＞80”，这样条件就输入完成了，结果如图 5-69 所示。

高级筛选的准备工作完成后，就要进行高级筛选了，首先用鼠标单击学生成绩表中的任一位置，然后选择“数据”选项卡中“排序与筛选”功能组中的“高级”命令，这时会弹出“高级筛选”对话框。该对话框主要包括三项内容，即筛选结果存放的方式、列表区域、条件区域，如图 5-70 所示。

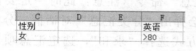

C	D	E	F
性别			英语
女			>80

图 5-69　高级筛选条件制作

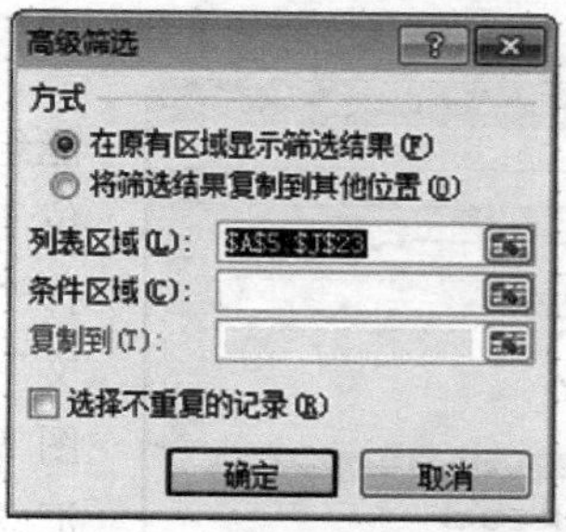

图 5-70　“高级筛选”对话框

首先是结果存放方式，要把筛选结果存放到 A26 开始的单元格，因此要选择第二项“将筛选结果复制到其他位置”，这时在“条件区域”下面的“复制到”文本框由不可用变成可用，用鼠标单击这个文本框，然后再用鼠标单击 A26 单元格，将 A26 拾取到文本框中。

接下来制作“列表区域”，列表区域也就是要进行筛选的数据区域，因为进行高级筛选前，光标已经置于数据区域中，因此此内容按默认设置即可。

最后制作“条件区域”，条件区域也就是之前在插入的三个空行中输入的条件，只需要用鼠标将该区域拾取到文本框中就可以了（也就是 C1:F2）。最后按“确定”按钮完成高级筛选的制作。“高级筛选”对话框的具体设置情况如图 5-71 所示。

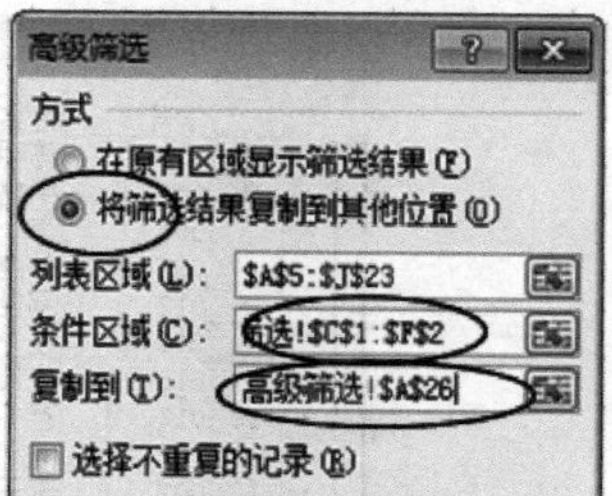

图 5-71　“高级筛选”对话框设置

高级筛选的结果如图 5-72 所示。

⑥ 分类汇总：分类汇总前要先对分类字段进行排序，这里的分类字段为“性别”，因此要先对性别进行简单排序。具体操作过程如下：首先选择性别列的任意一个单元格，选择“开始”选项卡中“编辑”功能组中的“排序与筛选”命令，在弹出的菜单中选择“升序”

命令，排序就完成了。

	学号	姓名	性别	语文	数学	英语	总分	平均分	成绩评定	排名
5	学号	姓名	性别	语文	数学	英语	总分	平均分	成绩评定	排名
6	001	陈明发	男	85	82	83	250	83.33	及格	5
7	002	李玉婷	女	85	75	86	246	82.00	及格	6
8	003	肖友梅	女	94	98	90	282	94.00	及格	1
9	004	牛兆祥	男	87	80	95	262	87.33	及格	3
10	005	李小虎	男	45	74	30	149	49.67	不及格	16
11	006	钟承绪	女	72	76	88	236	78.67	及格	11
12	007	林南生	男	66	76	92	234	78.00	及格	12
13	008	彭晓婷	女	76	73	69	218	72.67	及格	15
14	009	邓同波	女	90	86	86	262	87.33	及格	3
15	010	王璧芬	女	24	51	68	143	47.67	不及格	17
16	011	俞芳芳	女	89	84	69	242	80.67	及格	8
17	012	邓世仁	男	70	80	91	241	80.33	及格	9
18	013	程一敏	男	70	89	71	230	76.67	及格	14
19	014	金莉莉	女	82	79	84	245	81.67	及格	7
20	015	朱仙致	男	83	75	79	237	79.00	及格	10
21	016	齐杰芬	女	39	56	43	138	46.00	不及格	18
22	017	严冬英	男	73	84	77	234	78.00	及格	12
23	018	李敏	女	89	97	77	263	87.67	及格	2
24										
25										
26	学号	姓名	性别	语文	数学	英语	总分	平均分	成绩评定	排名
27	002	李玉婷	女	85	75	86	246	82.00	及格	6
28	003	肖友梅	女	94	98	90	282	94.00	及格	1
29	006	钟承绪	女	72	76	88	236	78.67	及格	11
30	009	邓同波	女	90	86	86	262	87.33	及格	3
31	014	金莉莉	女	82	79	84	245	81.67	及格	7

图 5-72　高级筛选的结果

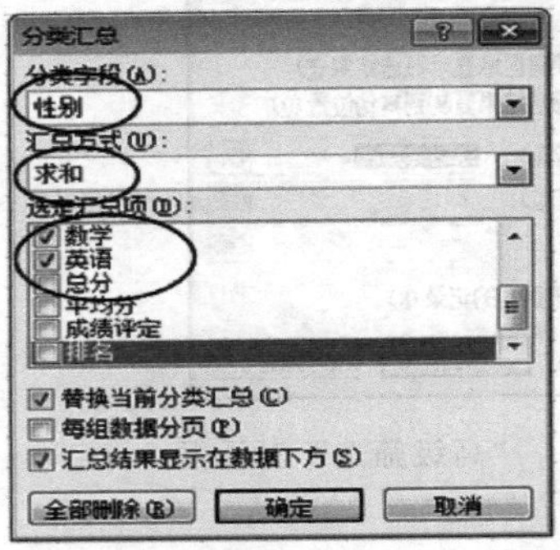

图 5-73　“分类汇总”对话框

排序完成后，选择“数据”选项卡中“分级显示”功能组中的“分类汇总”命令（注意：此时一定要保证光标位于数据表中），会弹出“分类汇总”对话框，分类字段选择“性别”，汇总方式选择“求和”，选定汇总项勾选“语文”“数学”“英语”，取消默认选项“排名”，具体设置如图 5-73 所示。单击“确定”按钮就完成了分类汇总。分类汇总的结果如图 5-74 所示。

⑦ 数据透视表：还是首先用鼠标单击数据区域的任意一个位置，选择“插入”选择卡中最左面的“数据透视表”命令，会弹出“创建数据透视表”对话框，在这个对话框

	A	B	C	D	E	F	G	H	I	J
1						学生成绩表				
2	学号	姓名	性别	语文	数学	英语	总分	平均分	成绩评定	排名
3	001	陈明发	男	85	82	83	250	83.33	及格	5
4	004	牛兆祥	男	87	80	95	262	87.33	及格	3
5	005	李小虎	男	45	74	30	149	49.67	不及格	16
6	007	林南生	男	66	76	92	234	78.00	及格	12
7	012	邓世仁	男	70	80	91	241	80.33	及格	9
8	013	程一敏	男	70	89	71	230	76.67	及格	14
9	015	朱仙致	男	83	75	79	237	79.00	及格	10
10	017	严冬英	男	73	84	77	234	78.00	及格	12
11			男 汇总	579	640	618				
12	002	李玉婷	女	85	75	86	246	82.00	及格	6
13	003	肖友梅	女	94	98	90	282	94.00	及格	1
14	006	钟承绪	女	72	76	88	236	78.67	及格	11
15	008	彭晓婷	女	76	73	69	218	72.67	及格	15
16	009	邓同波	女	90	86	86	262	87.33	及格	3
17	010	王璧芬	女	24	51	68	143	47.67	不及格	17
18	011	俞芳芳	女	89	84	69	242	80.67	及格	8
19	014	金莉莉	女	82	79	84	245	81.67	及格	7
20	016	齐杰芬	女	39	56	43	138	46.00	不及格	18
21	018	李敏	女	89	97	77	263	87.67	及格	2
22			女 汇总	740	775	760				
23			总计	1319	1415	1378				

图 5-74　分类汇总的结果

中只需要设置数据透视表的存放位置就可以了，选择“现有工作表”选项，之后用鼠标单击 A24 单元格，如图 5-75 所示。

设置完成后按“确定”按钮，会在 A24 开始的单元格中显示一个空的数据透视表，同时在右面会出现“数据透视表字段列表”任务窗格。具体的设置都要在这个任务窗格中完成。用鼠标将“性别”和“姓名”拖拽到“行标签”框中，将“语文”“数学”“英语”拖拽到“数值”框中，具体操作如图 5-76 所示。

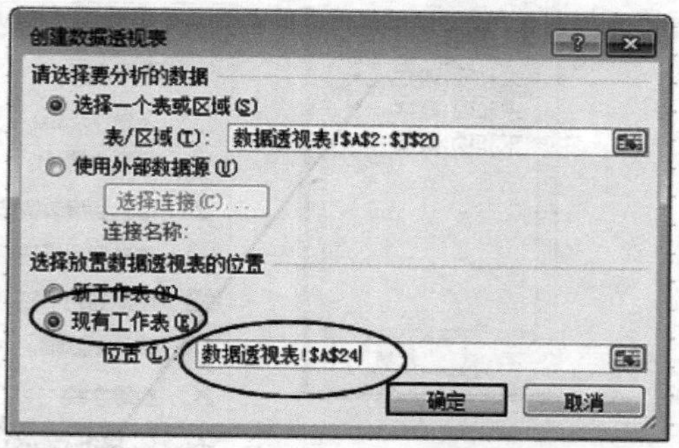

图 5-75 “创建数据透视表”对话框

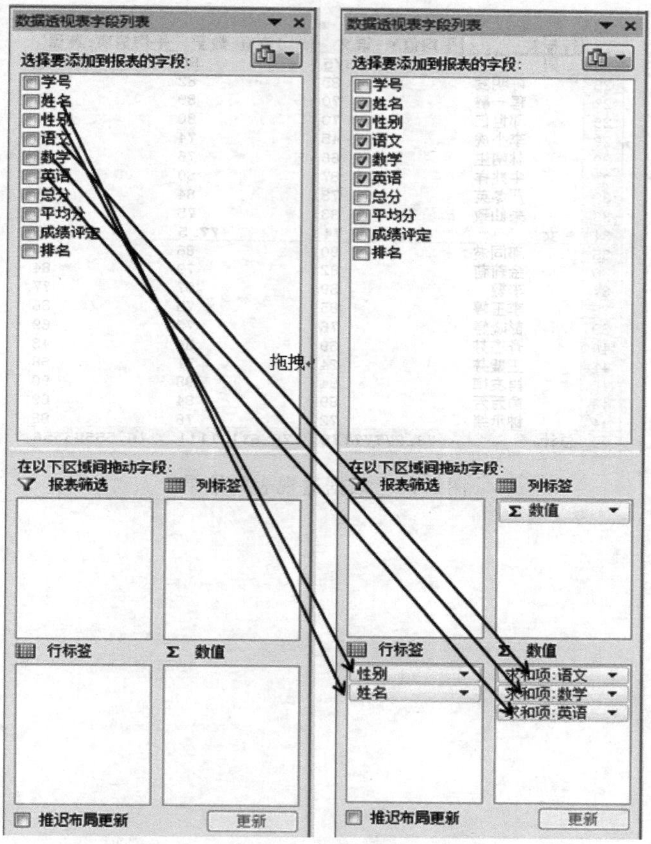

图 5-76 添加数据透视表中的各关键项

完成之后，显示数值的汇总方式是“求和”，把它更改为“平均值”，操作过程如图 5-77 所示。

数据透视表完成后的结果如图 5-78 所示。

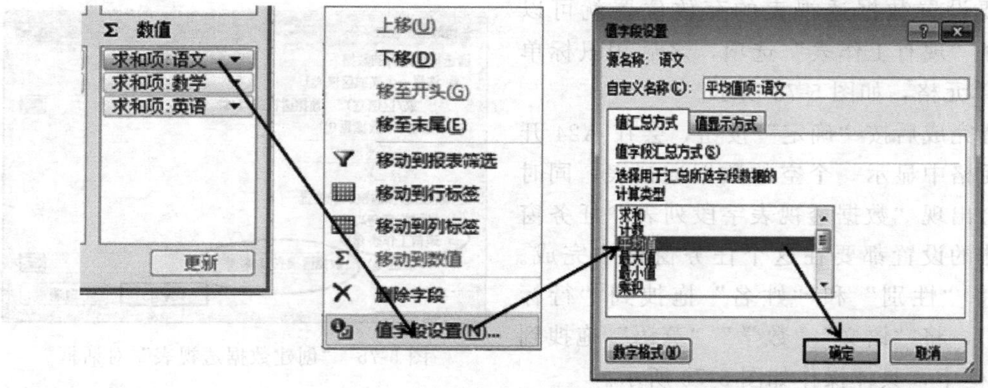

图 5-77　设置汇总方式

23				
24	行标签	平均值项:语文	平均值项:数学	平均值项:英语
25	⊟男	**72.375**	**80**	**77.25**
26	陈明发	85	82	83
27	程一敏	70	89	71
28	邓世仁	70	80	91
29	李小虎	45	74	30
30	林南生	66	76	92
31	牛兆祥	87	80	95
32	严冬英	73	84	77
33	朱仙致	83	75	79
34	⊟女	**74**	**77.5**	**76**
35	邓同波	90	86	86
36	金莉莉	82	79	84
37	李敏	89	97	77
38	李玉婷	85	75	86
39	彭晓婷	76	73	69
40	齐杰芬	39	56	43
41	王璧芬	24	51	68
42	肖友梅	94	98	90
43	俞芳芳	89	84	69
44	钟承绪	72	76	88
45	**总计**	**73.27777778**	**78.61111111**	**76.55555556**

图 5-78　数据透视表的结果

模块6
演示文稿PowerPoint 2010

盘锦市是中国重要的石油、石化工业基地，辽宁沿海经济带重要的中心城市之一。盘锦是“石化新城”，缘油而建、因油而兴；以红海滩国家风景廊道为主的红海滩风景区是国家4A级景区、辽宁省优秀旅游景区。为更好地宣传盘锦，我们用PowerPoint 2010制作一个介绍盘锦的宣传片。

实训项目十六　宣传文稿编辑与修饰（一）

实训目的

1. 掌握PowerPoint 2010的启动与退出方法；
2. 掌握演示文稿的创建及编辑方法。

实训内容

实训项目十六　任务单

实训标题	宣传文稿编辑与修饰(一)			任课教师	
班级		学号		姓名	
学习情境	制作一个包含多张幻灯片的演示文稿				
课前预习	幻灯片的创建和编辑方法，文字图片等媒体信息的插入方法				
课堂学习	1. 问答：演示文稿常用于会议、报告、培训学习等场合，可以插入哪些类型的媒体信息？ 2. 讨论和演示：幻灯片的创建、复制、移动、删除、修改版式。 3. 操作：完成幻灯片中各种媒体信息的添加和编辑，设计演示文稿母版。 4. 完成实训项目十六				
单元掌握情况	□90%以上　□80%～90%　□60%～80%　□40%～60%　□低于40%				
课后任务（含下单元预习内容）	制作个人简历的演示文稿				
单元学习内容总结					

实训指导

【知识链接】

① Microsoft Office PowerPoint是微软公司的演示文稿软件。用户可以在投影仪或者计

算机上进行演示，也可以将演示文稿打印出来，制作成胶片，以便应用到更广泛的领域中。利用 Microsoft Office PowerPoint 不仅可以创建演示文稿，还可以在互联网上召开面对面会议、远程会议或在网上给观众展示演示文稿。用 Microsoft Office PowerPoint 做出来的文件叫作演示文稿，其格式扩展名为 ppt、pptx；或者也可以保存为 pdf、图片格式等。2010 及以上版本中可保存为视频格式。演示文稿中的每一页叫作幻灯片。

② PowerPoint 2010 软件的打开、保存和关闭的操作基本上与 Word 2010 类似，幻灯片制作完成或修改后一定要保存。

③ PowerPoint 2010 提供了三种视图方式。普通视图是 PowerPoint 2010 的默认视图，是主要的编辑视图；幻灯片浏览视图中，所有幻灯片按顺序以缩略图的形式排列显示在同一窗口中，便于调整幻灯片次序和插入、复制、删除等操作；幻灯片放映视图用于查看幻灯片的播放效果。

④ 演示文稿创建常用方法：建立空白演示文稿、利用模板建立。

⑤ 版式：幻灯片上元素（如标题和副标题文本、列表、图片、表格、图表、自选图形和影片）的排列。用户可以使用系统提供的默认版式，也可以修改或自己设计版式。

⑥ 新建幻灯片中带有虚线边框的部分称为占位符，占位符实际上是一种特殊的文本框，具有文本框的各种属性。可以在其中录入文字，插入图片、表格、图表、文本框、声音和影片。编辑完成后，再根据需要的效果对文本、图片、表格等进行格式设置，设置方法与 Word 2010 的格式设置方法类似。

⑦ 幻灯片的背景设置要考虑到放映环境、光线等因素的影响，合理进行搭配。可以自定义颜色，也可选用来自文件中的图片，还可以利用 PowerPoint 2010 自带的模板与本色方案自动设定。

⑧ 幻灯片母版用于设置幻灯片的通用版式。可通过母版设计用户需要的版式。母版中的内容可体现在对应版式中。PowerPoint 2010 中有 3 种母版：幻灯片母版、讲义母版、备注母版。

【实训要求】

① 打开 PowerPoint 2010，创建演示文稿，命名为“姓名.pptx”。

② 在幻灯片母版中，设计标题幻灯片版式以及标题和内容版式，效果分别如图 6-1、图 6-2 所示。

③ 新建 4 张幻灯片，第 1 张幻灯片为“标题幻灯片”版式，第 2 张幻灯片为“标题和

图 6-1 “标题幻灯片”版式

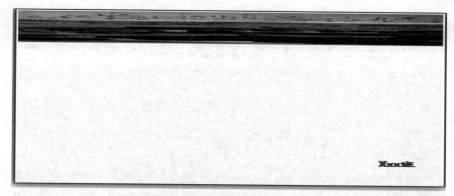

图 6-2 “标题和内容” 版式

内容” 版式，并在第 1 张幻灯片上使用文本框插入编辑的日期。在第 2 张幻灯片标题占位符中输入 “这里有:”，内容占位符中输入 “国家级自然保护区，世界最大的苇田，天下奇观红海滩，大米、河蟹全国闻名，中国第三大油田”。使用 “复制幻灯片” 命令，创建第 3、4 张幻灯片，并对第 4 张幻灯片进行编辑。效果如图 6-3 所示。

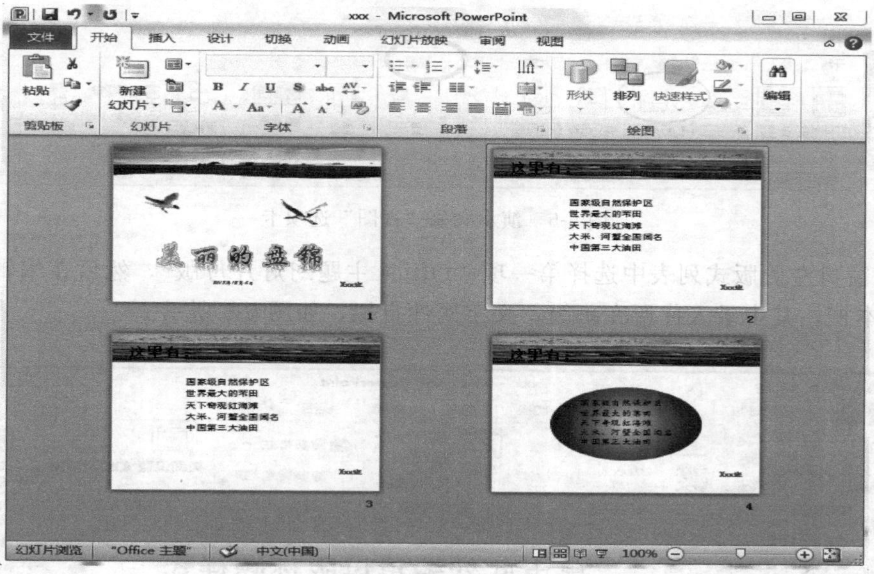

图 6-3 幻灯片效果

【操作指导】

一、创建演示文稿 “姓名. pptx”

① 从 “开始” 菜单 “所有程序” 中选择 “Microsoft Office”，再选择 “Microsoft PowerPoint 2010”，启动 PowerPoint 演示文稿窗口，如图 6-4 所示；也可以直接右击桌面在快捷菜单中选择新建 PowerPoint 演示文稿。

② 单击 “快速访问工具栏” 中 “保存” 按钮，在弹出对话框中选择文件保存位置，并输入文件名 “×××”。

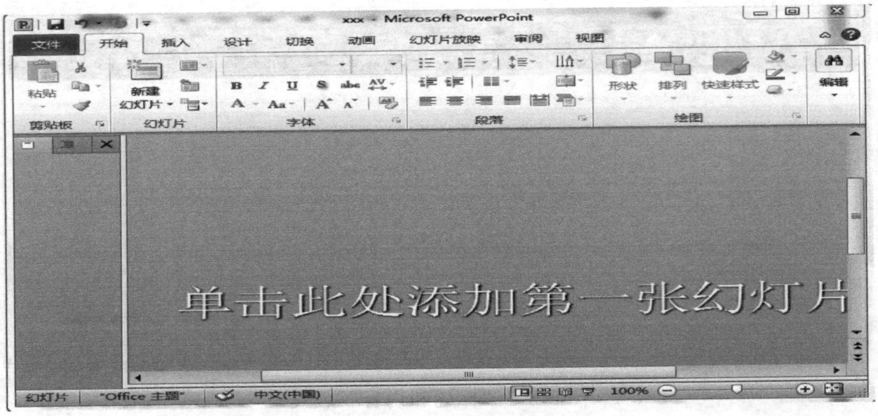

图 6-4　演示文稿窗口

二、设计“标题幻灯片”版式的母版

① 在演示文稿窗口中选择“视图”选项卡中“幻灯片母版”按钮，如图 6-5 所示，打开“幻灯片母版”选项卡窗口，如图 6-6 所示。

图 6-5　演示文稿“视图”选项卡

② 在窗口左侧版式列表中选择第一项“Office 主题幻灯片母版”，然后在编辑窗格右下角插入文本框，其中录入你所在班级，文字属性自拟，如图 6-6 所示。

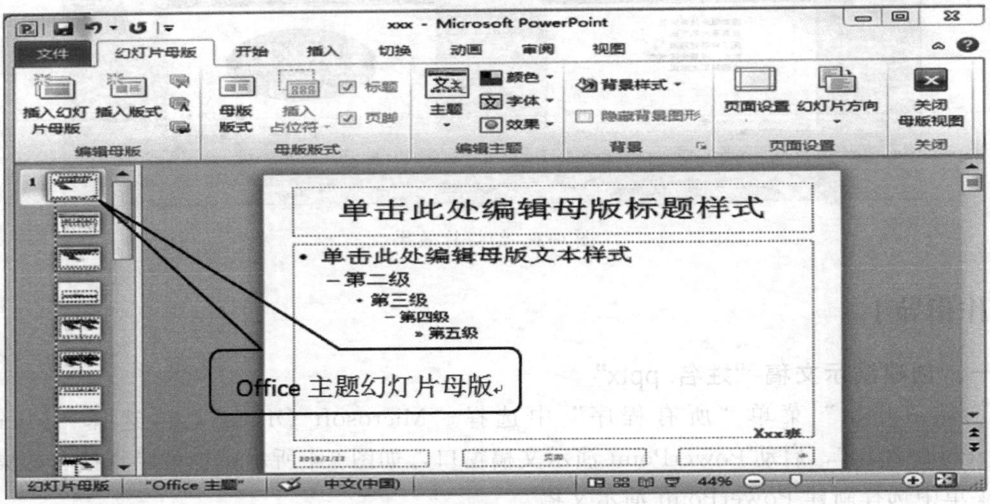

图 6-6　幻灯片母版设计

③ 在左侧版式列表中选择第二项“标题幻灯片版式”，在编辑窗格中，通过“插入”选项卡下“图像”功能区中“图片”按钮，在窗口中插入所需素材图片，如图 6-7 所示。

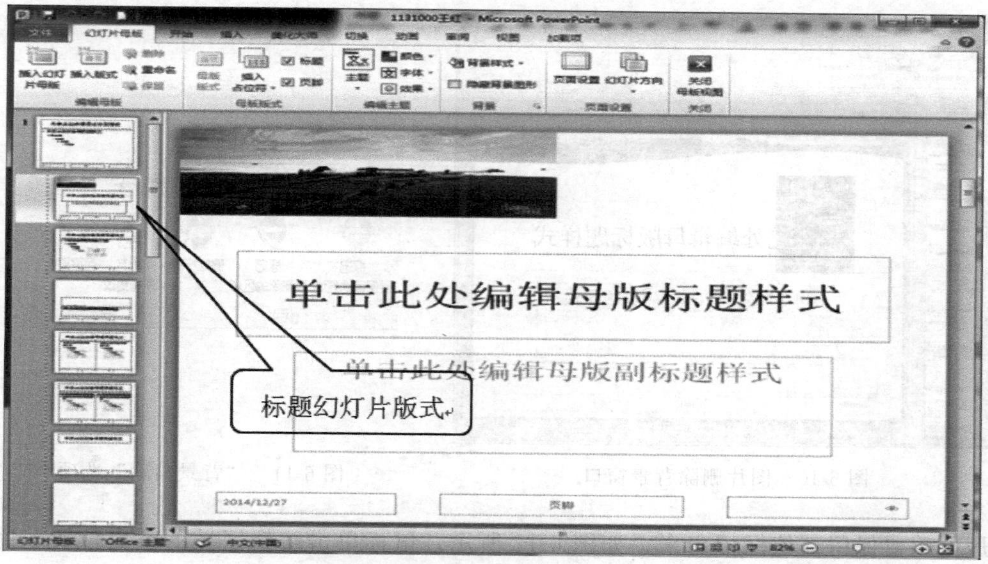

图 6-7　标题幻灯片母版插入素材

调整插入的图片至合适大小，然后在“插图”功能区中选择“形状”下拉列表中的“波形”形状，调整到合适位置，如图 6-8 所示。

在“绘图工具格式”选项卡中“形状样式”功能区中，设置“形状填充”颜色为“白色”，设置“形状轮廓”为“无轮廓”，设置好的母版效果如图 6-9 所示。

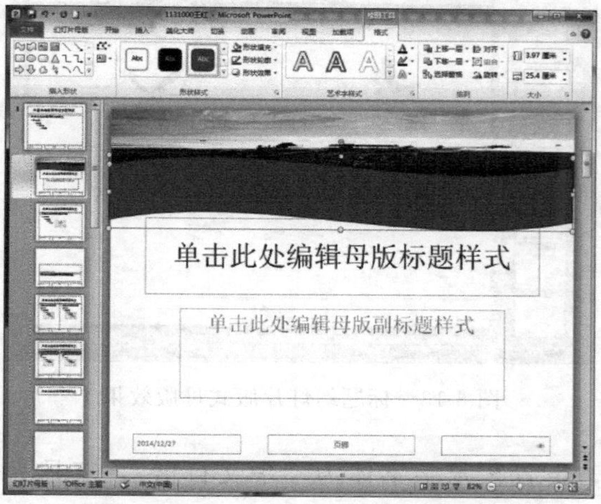

图 6-8　插入“波形”形状效果

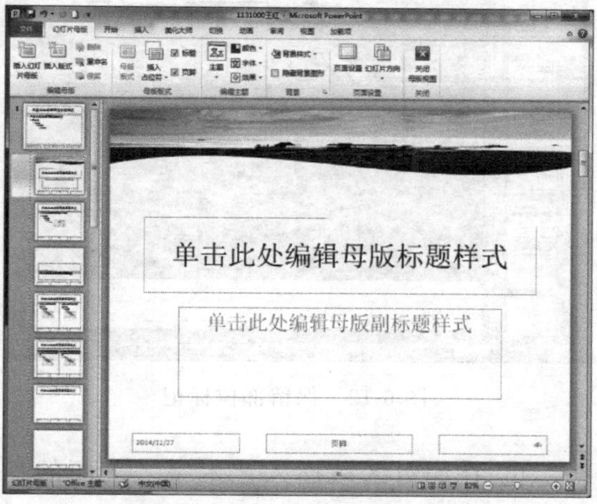

图 6-9　标题幻灯片母版效果

④ 选择“插入”选项卡中“图像”功能区下的“图片”按钮，插入“黑嘴鸥”素材图片，然后在“图片工具格式”选项卡下“调整”功能区中选择“删除背景”按钮，如图 6-10 所示，调整删除控制点后，鼠标单击编辑区域的空白位置，完成对图片的编辑。

⑤ 选择“插入”选项卡中“图像”功能区下的“图片”按钮，插入“丹顶鹤”素材图片，然后在“图片工具格式”选项卡下“调整”功能区中选择“删除背景”按钮，调整删除控制点，并使用“背景消除”选项卡下“标记要保留的区域”按钮，如图 6-11 所示，将图

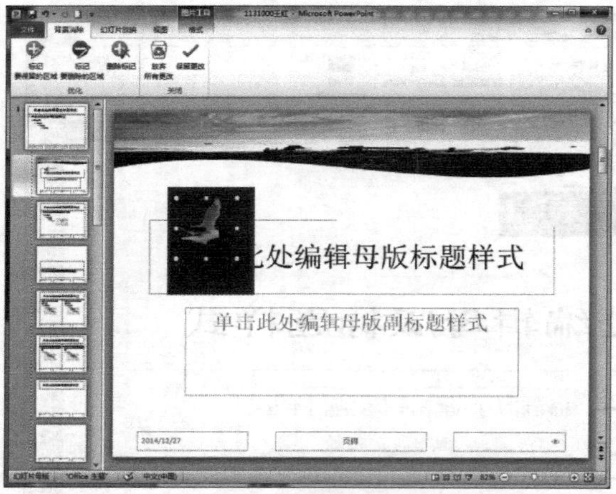

图 6-10　图片删除背景窗口

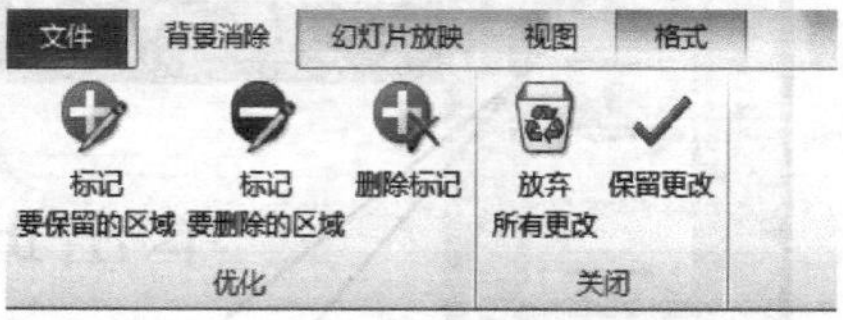

图 6-11　“背景消除”选项卡

片中丹顶鹤要保留部位标记出来，如图 6-12 所示，鼠标单击编辑区域的空白位置，完成对图片的编辑，调整两幅图片到合适的位置，删除“标题”及“副标题”占位符，操作效果如图 6-13 所示。

图 6-12　保留部位标记

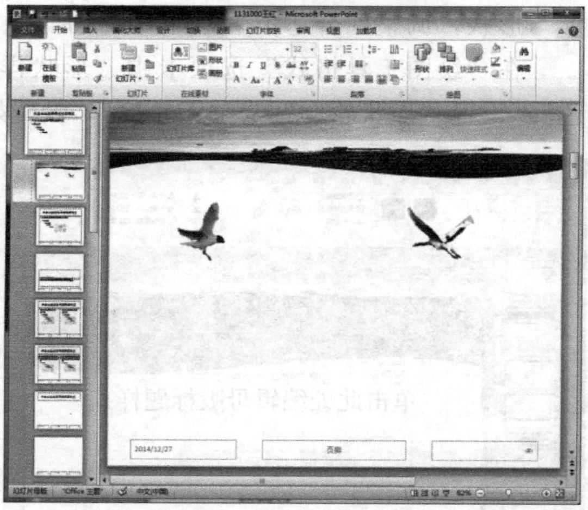

图 6-13　标题幻灯片版式母版效果

⑥ 在编辑区域插入艺术字“美丽的盘锦”，设置艺术字字体为“华文行楷”，字号为“80 磅”，单击“绘图工具格式”选项卡中“艺术字样式”功能区中右下角“设置文本效果格式”按钮，选择“文本填充”中“渐变填充”单选按钮，调整“渐变光圈”选择合适的颜色，如图 6-14 所示。

⑦ 选择艺术字样式功能区中“文本效果”下拉列表选项，设置映像效果为“映像变体”→“半映像，4pt 偏移量”，如图 6-15 所示。

⑧ 在编辑窗格内，按住键盘控制键 Ctrl，选择“黑嘴鸥”“丹顶鹤”及“美丽的盘锦”艺术字，然后选择“图片工具格式”选项卡“排列”功能区中“组合”下拉列表中“组合”命令，如图 6-16 所示。

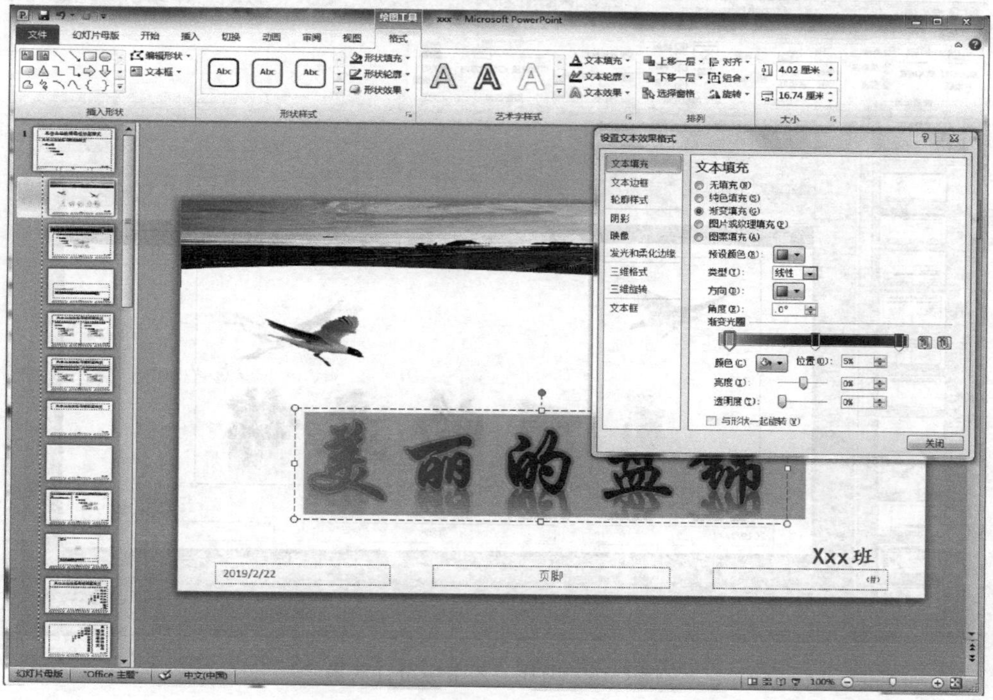

图 6-14 “设置文本效果格式”对话框

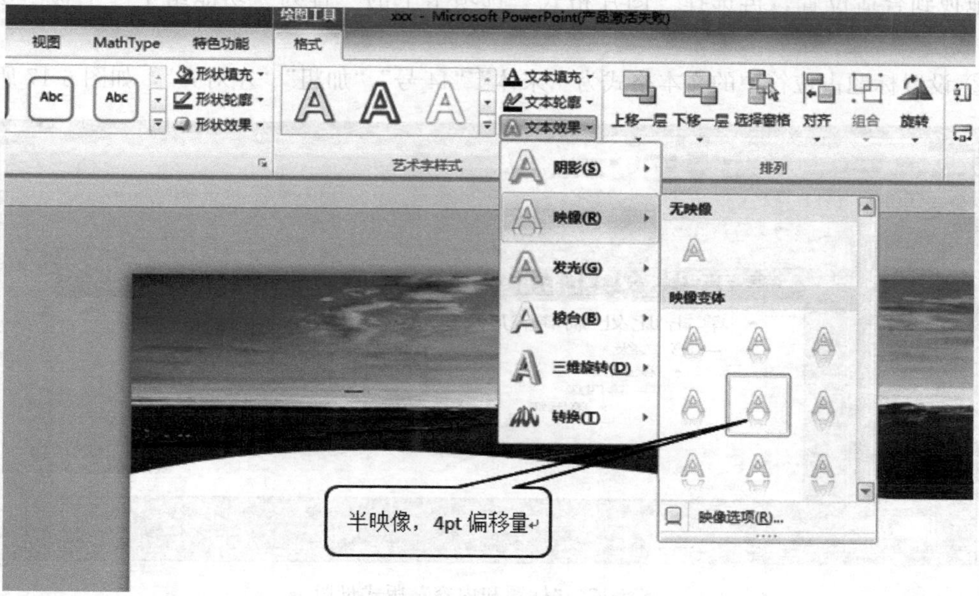

图 6-15 “文本效果”下拉列表

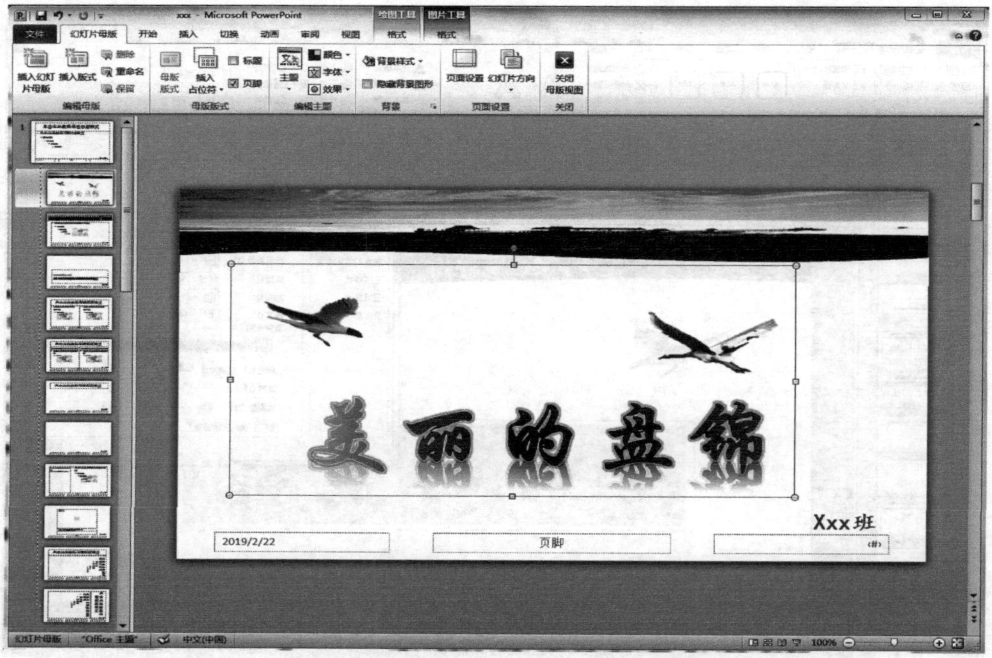

图 6-16　图片、艺术字组合效果

三、设计“标题和内容”版式的母版

① 仍然在幻灯片母版选项卡下，“幻灯片版式”窗格中选择“标题和内容”版式，然后在编辑窗格选择“插入”选项卡中“图像”功能区中的“图片”按钮，插入“湿地”图片素材，拖拽到合适位置，再选择“图片格式”选项卡下的“排列”功能组中“下移一层”→“置于底层”。

② 设置标题占位符中的文本格式为“宋体”“44 号”“加粗”“左对齐”，如图 6-17 所示。

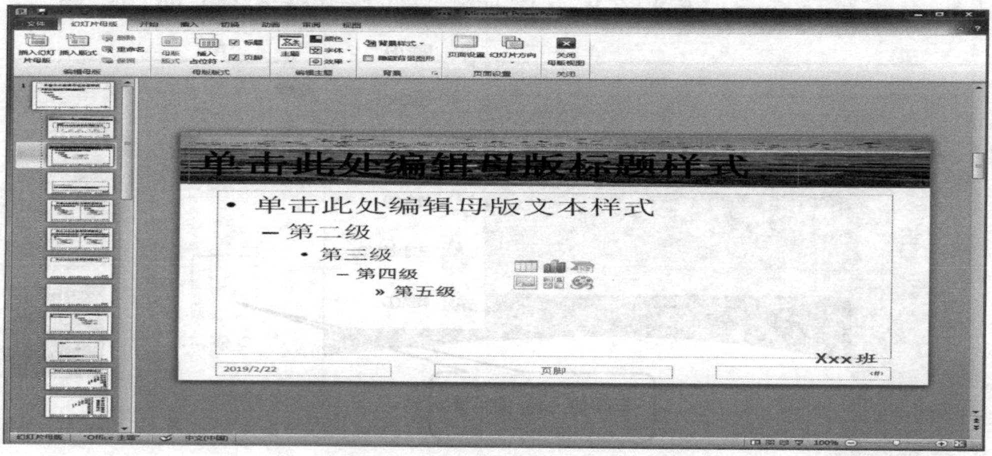

图 6-17　“标题和内容”版式母版

③ 单击“幻灯片母版”选项卡下“关闭母版视图”按钮，返回 PowerPoint 2010 演示文稿窗口。

四、幻灯片的创建与编辑

① 单击“开始”选项卡下“幻灯片”功能区中“新建幻灯片”下拉按钮，在弹出的下拉列表中选择“标题幻灯片”，如图 6-18 所示；创建第 1 张幻灯片，如图 6-19 所示。

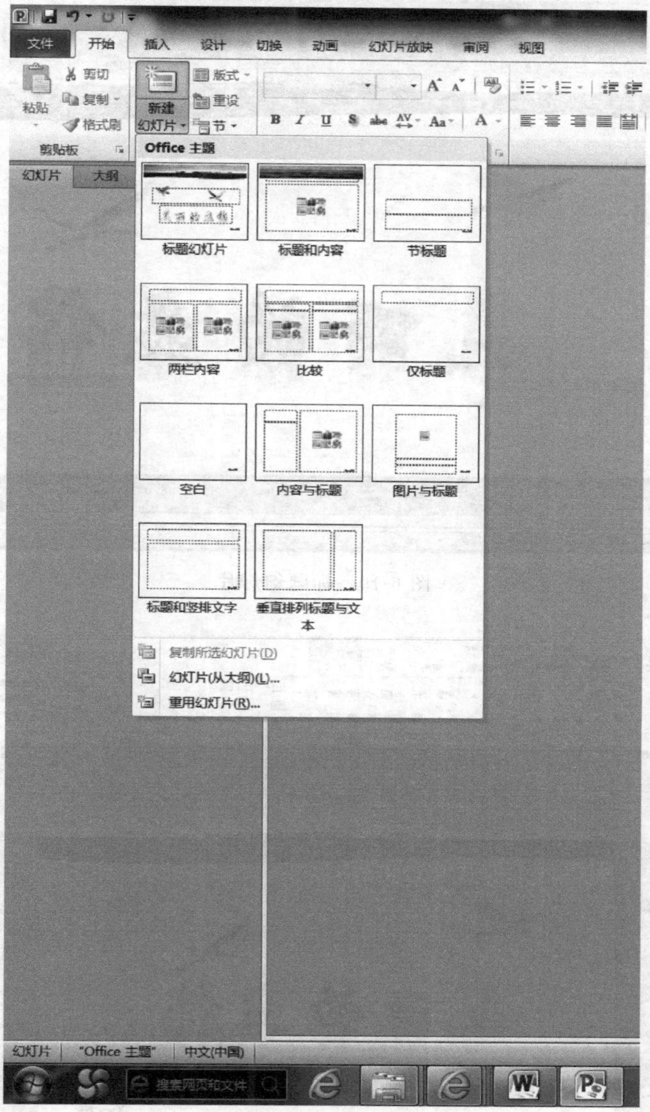

图 6-18 “新建幻灯片”下拉列表

② 在第 1 张幻灯片中使用“插入”选项卡下“文本”功能区中“文本框”命令下拉按钮中的“横排文本框”命令，在幻灯片中插入文本框，并在文本框中编辑日期，例如“2019 年 1 月 1 日”；也可以用在 Word 中学习过的插入可自动更新的日期形式，如图 6-20 所示。

③ 通过“新建幻灯片”下拉列表建立第 2 张幻灯片，版式为“标题和内容”，在标题占位符中录入“这里有：”，在内容占位符中录入文字“国家级自然保护区，世界最大的苇田，天下奇观红海滩，大米、河蟹全国闻名，中国第三大油田”，调整字体、字号、行间距等到

图 6-19　标题幻灯片

图 6-20　第 1 张幻灯片效果

合适效果，如图 6-21 所示。

④ 在幻灯片选定窗格中选择第 2 张幻灯片，鼠标在幻灯片上单击右键，弹出快捷菜单中选择“复制幻灯片”命令，创建第 3 张幻灯片，使用同样的方法创建第 4 张幻灯片；也可以使用快捷键“Ctrl＋C”“Ctrl＋V”复制、粘贴。

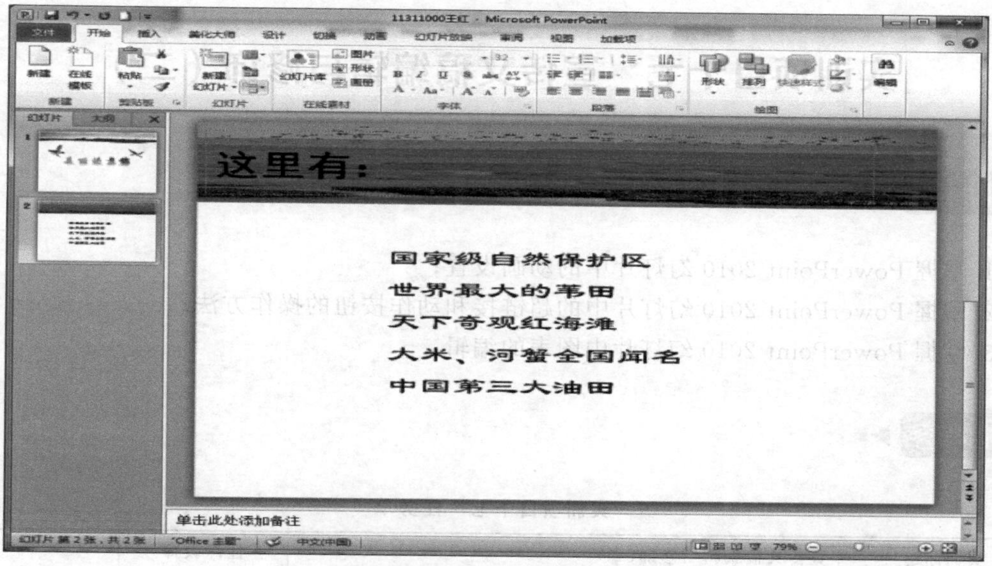

图 6-21　第 2 张幻灯片效果

⑤ 选择第 4 张幻灯片内容占位符，再选择绘图工具选项卡下“更改形状”→“椭圆”，如图 6-22 所示；椭圆颜色设置为“填充效果”→“渐变”→“中心辐射”，效果如图 6-23 所示。

图 6-22　更改占位符形状

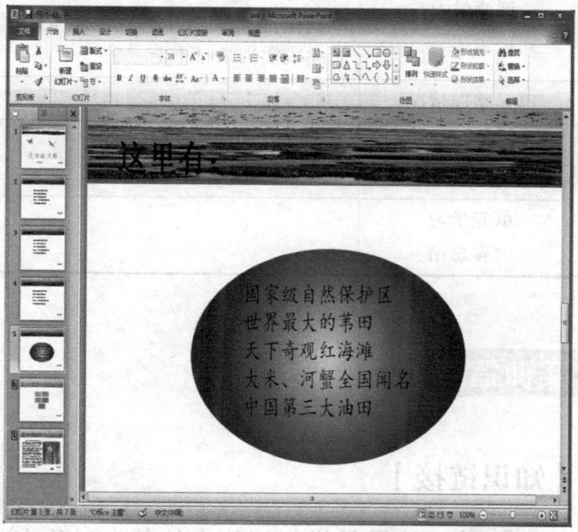

图 6-23　第 3 张幻灯片效果

⑥ 单击演示文稿窗口左上角“快速访问工具栏”中“保存”按钮，并按老师要求提交作业。

创意项目

个人求职简历演示文稿的创建与编辑，不少于 4 张。

实训项目十七　宣传文稿编辑与修饰（二）

实训目的

1. 掌握 PowerPoint 2010 幻灯片中的动画设置；
2. 掌握 PowerPoint 2010 幻灯片中的超链接和动作按钮的操作方法；
3. 掌握 PowerPoint 2010 幻灯片中图表的编辑。

实训内容

实训项目十七　任务单

实训标题	宣传文稿编辑与修饰(二)			任课教师	
班级		学号		姓名	
学习情境	制作一个包含多张幻灯片的演示文稿				
课前预习	超链接和动作按钮,动画的种类,图表的编辑				
课堂学习	1. 问答:超链接和动作按钮可以实现怎样的功能？动画的作用是什么？ 2. 讨论和演示:SmartArt 图形的插入和编辑,添加超链接。 3. 操作:为幻灯片中的各种媒体素材添加不同类别的动画,图表的插入和编辑。 4. 完成实训项目十七				
单元掌握情况	□90%以上　□80%～90%　□60%～80%　□40%～60%　□低于 40%				
课后任务 (含下单元预习内容)	编辑个人简历的演示文稿				
单元学习 内容总结					

实训指导

【知识链接】

① 动画效果是指幻灯片中的各个对象在放映时的出场方式。可根据需要随意组合效果、声音和定时功能以及对象的动画顺序。

② PowerPoint 2010 提供了两种动画设置方式。在“动画”选项卡中可对动画的“播放时间”和“速度”等选项进行简单设置；在“效果选项”中可对“效果”和“计时”进行详细设置。一个对象可以根据需要添加多个动画。

③ PowerPoint 2010 还提供了交互放映方式，可通过“动作设置”按钮和超链接来实现幻灯片之间的跳转。

④ PowerPoint 2010 支持图表编辑设计，可以很好地反映一些数据之间的关系及变化的趋势等。

【实训要求】

1. 在实训项目十六的基础上创建 5～10 页的幻灯片

本项目完成效果如图 6-24 所示。

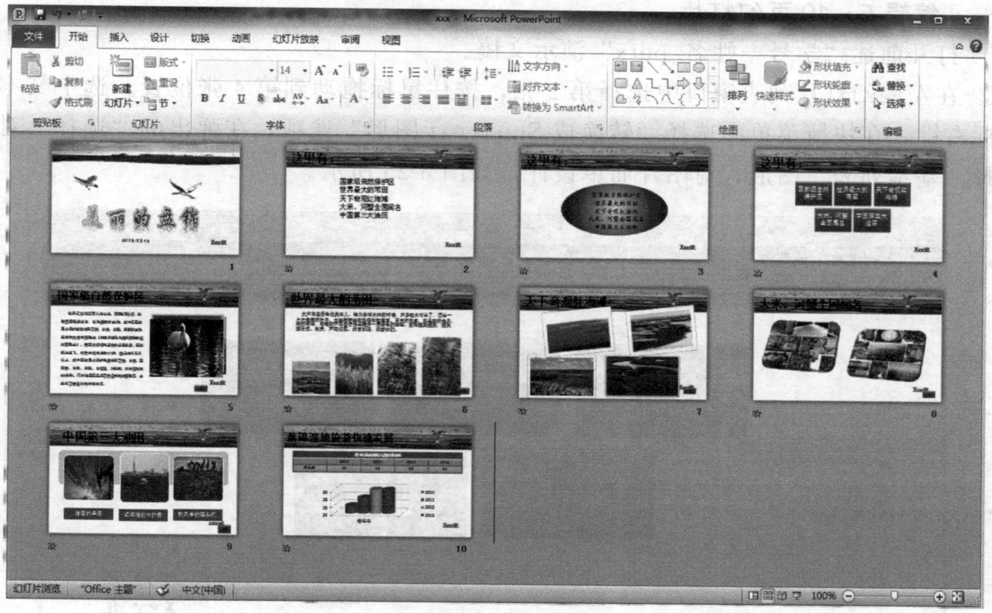

图 6-24 本项目完成效果

① 将第 2 张幻灯片移到第 4 张，并转换成 SmartArt 图形中的基本列表。

② 在第 5 张幻灯片中插入“素材. docx”文件中的文本及四幅图片，并将图片堆叠在一起，在该幻灯片右下角插入“前一页”动作按钮。

③ 在第 6 张幻灯片中插入“素材. docx”文件中的关于芦苇的文本及四幅芦苇图片，并将图片并列摆放。

④ 在第 7 张幻灯片中插入四幅红海滩图片，并使用“图片样式”对其进行修饰。

⑤ 使用“屏幕截图”功能将网页中搜索到的“大米”和“河蟹”图片插入到第 8 张幻灯片中。

⑥ 第 9 张幻灯片上，使用 SmartArt 图形中的图片列表，展示辽河油田。

⑦ 第 10 张幻灯片，用数据表及图表说明盘锦湿地旅游快速发展。

2. 幻灯片中的超链接

第 4 张幻灯片可作为目录，将第 5～9 张幻灯片超链接到第 4 张幻灯片对应文字内容形状上，并在第 5～9 张幻灯片右下角插入动作按钮 ，以返回第 4 张幻灯片。

3. 幻灯片中对象的动画编辑

① 在“标题和内容”版式母版中加入飞鸟图片的“飞入”动画，“效果选项”为“自右侧”。

② 为第 4 张幻灯片中 SmartArt 图形动画设置为“逐个轮子”的动画效果。

③ 为第 5 张幻灯片中图片添加“出现”和“消失”动画效果，鼠标单击图片时，图片循环出现的效果。

④ 为第 6～8、10 张幻灯片设置不同的动画效果，提高幻灯片的观赏性以突出主题。

⑤ 为第 9 张幻灯片设计“翻转式由远及近”动画，效果为“逐个”。

【操作指导】

一、编辑 5～10 页幻灯片

① 打开前述“学号＋姓名.pptx”演示文稿。

② 在左侧幻灯片列表窗口中选择第 2 张，按住鼠标拖动到第 4 张位置。选中文本，单击鼠标右键，在快捷菜单中选择“转换成 SmartArt 图形”选项，在弹出的“选择”对话框中选择“基本列表”图形，对图片简单设计，如图 6-25 所示。

图 6-25　第 4 张幻灯片效果

③ 新建第 5 张幻灯片，版式为“标题和内容”，幻灯片标题文本内容为“国家级自然保护区”，在幻灯片中插入“素材.docx”文件关于保护区中的文字内容，对文本内容进行适当的格式设置，调整文本框大小，在幻灯片右侧插入四幅图片分别为“白鹤 01.jpg”“黑嘴鸥 02.jpg”“白鹳 01.jpg”“丹顶鹤 01.jpg”，将图片按图 6-26 所示调整到合适位置。

选择图片单击鼠标右键，在弹出的快捷菜单中选择“置于顶层”或“置于底层”的子命令调整图片堆叠层次。

图 6-26　第 5 张幻灯片图片

在幻灯片右下角位置使用“插入”选项卡下“插图”功能区中“形状”下拉列表中动作按钮中按钮，如图 6-27 所示。

图 6-27　第 5 张幻灯片效果

④ 新建第 6 张幻灯片，版式为“标题和内容”。将标题文本内容改为“世界最大的苇田”，然后插入“素材.docx”文件中关于芦苇的文本内容，并对文本进行格式设置，在合适位置插入素材文件夹中四幅芦苇图片，选择恰当样式，如图 6-28 所示。

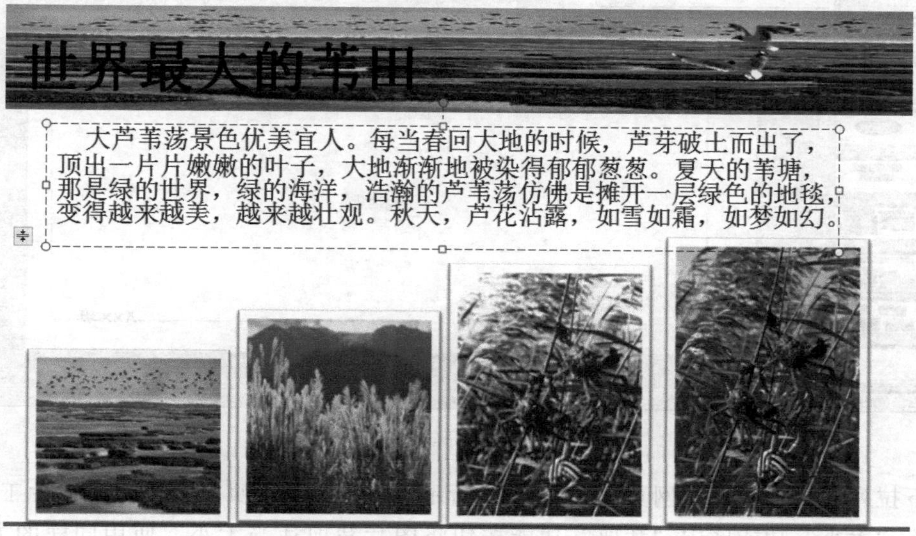

图 6-28　第 6 张幻灯片效果

⑤ 新建第 7 张幻灯片，版式为“标题和内容”。将标题文本内容改为“天下奇观红海滩”，在幻灯片中合适位置插入素材文件夹中四幅红海滩图片，使用“图片工具格式”选项卡下“图片样式”功能区为每幅图片样式进行设置，如图 6-29 所示。

图 6-29　第 7 张幻灯片效果

⑥ 新建第 8 张幻灯片，将标题文本内容改为“大米、河蟹全国闻名”，然后打开 IE 浏览器，在地址栏内输入“www. baidu. com”，打开百度搜索引擎，在搜索栏内输入“大米 ”，搜索类别为“图片”，打开网页内容，在演示文稿窗口中选择“插入”选项卡下“图像”功能区中“屏幕截图”按钮，如图 6-30 所示。

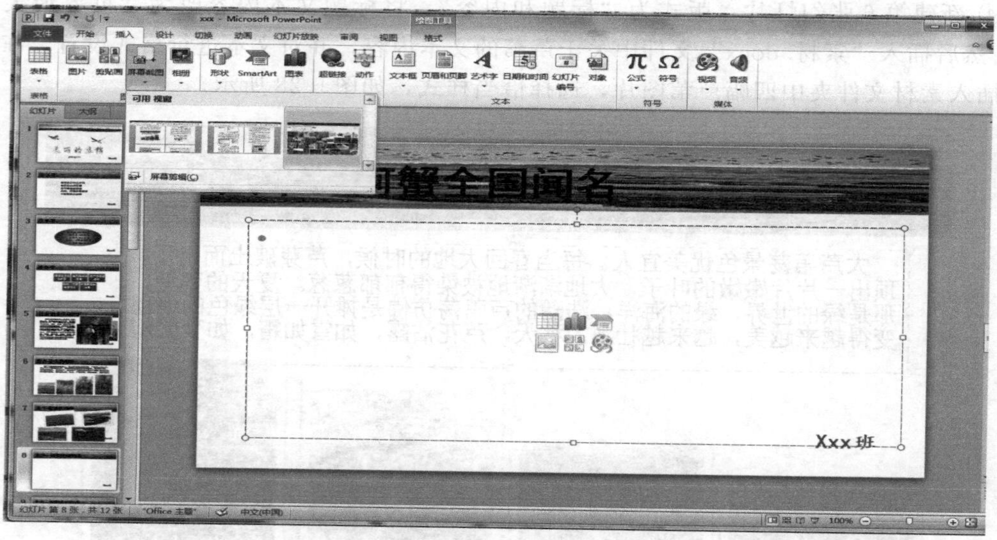

图 6-30　屏幕截图

在下拉列表中选择大米网页，如图 6-31 所示，对插入的网页图片使用“图片工具格式”选项卡下“大小”功能区中“裁剪”功能按钮将图片裁剪适当大小。使用同样的方法搜索“河蟹”网页中的内容插入到幻灯片中，设置图片格式，效果如图 6-32 所示。

⑦ 创建第 9 张幻灯片，版式为“标题和内容”，将标题文本内容改为“中国第三大油田”，选择内容占位符中的插入 SmartArt 图标，如图 6-33 所示。

在弹出的“选择 SmartArt 图形”对话框中，选择“水平图片列表”图形，在图形文本

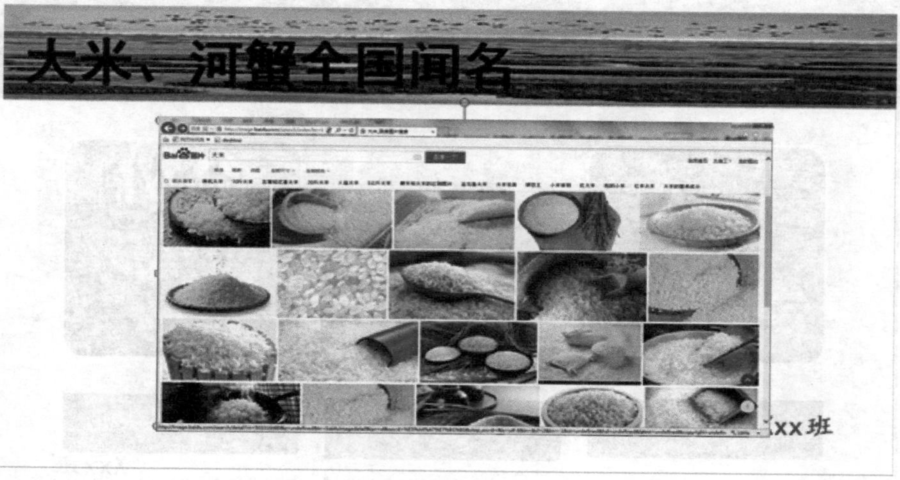

图 6-31　幻灯片中插入网页

图 6-32　第 8 张幻灯片效果

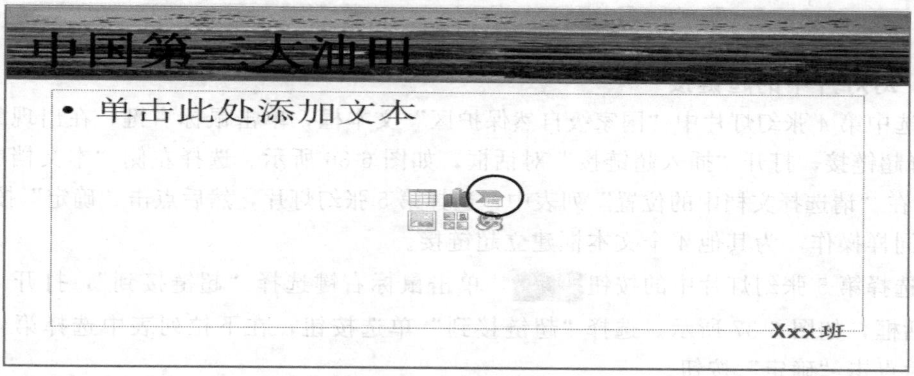

图 6-33　插入 SmartArt 图标

中编辑文字，插入素材文件中的油田相关图片，效果如图 6-34 所示。

⑧ 创建第 10 张幻灯片，版式为“标题和内容”，将标题文本内容改为“盘锦湿地旅游快速发展”，选择内容占位符中的插入表格图标，插入 3 行 5 列表格，并应用表格数据创建相应图表，效果如图 6-35 所示。

图 6-34　第 9 张幻灯片效果

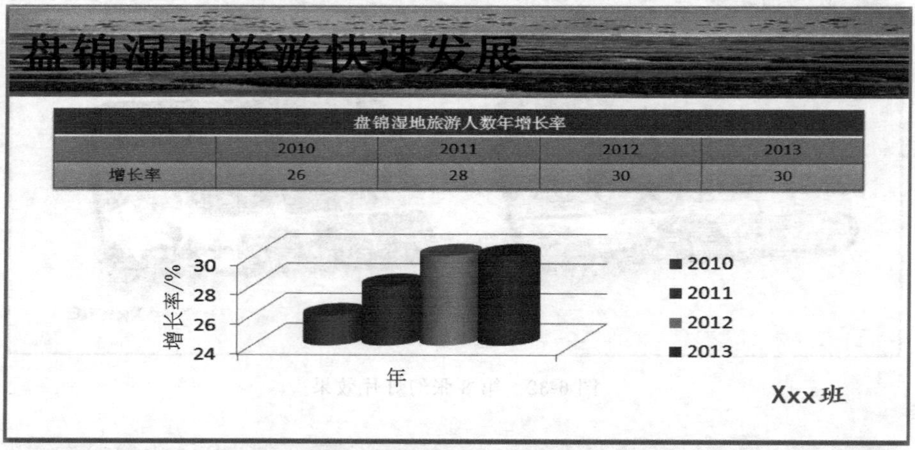

图 6-35　第 10 张幻灯片效果

二、幻灯片中的超链接

① 选中第 4 张幻灯片中“国家级自然保护区”文本框，单击鼠标右键，在出现的快捷菜单中选择超链接，打开“插入超链接”对话框，如图 6-36 所示。选择左侧“本文档中的位置（A）”，在“请选择文档中的位置”列表中，选择第 5 张幻灯片，然后点击“确定”按钮。

② 同样操作，为其他 4 个文本框建立超链接。

③ 选择第 5 张幻灯片中的按钮，单击鼠标右键选择“超链接到”，打开“动作设置”对话框，如图 6-37 所示。选择“超链接到”单选按钮，在下拉列表中选择第 4 张幻灯片，然后点击“确定”按钮。

④ 再选定按钮，单击鼠标右键，在弹出的快捷菜单中选择“复制”命令，然后到第 6～9 张幻灯片中单击右键粘贴。

三、幻灯片中对象的动画编辑

1.“标题和内容”幻灯片母版动画

① 单击“视图”选项卡下“母版视图”功能区中“幻灯片母版”按钮，打开“幻灯片

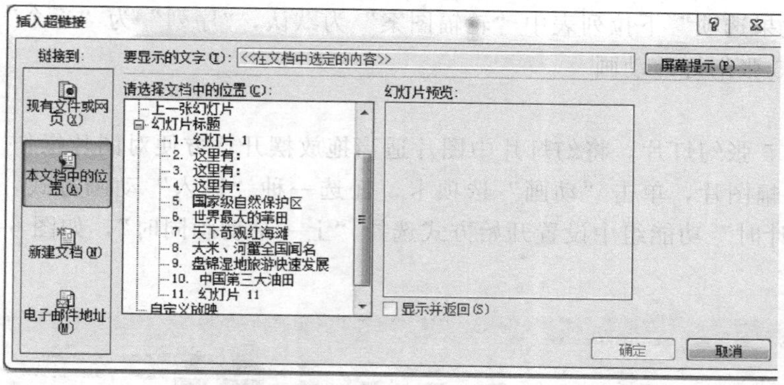

图 6-36 “插入超链接”对话框

母版”选项卡;

② 选择幻灯片版式窗格中的“标题幻灯片”版式，自选一幅飞鸟图片，处理成无背景的，插入到“标题和内容”幻灯片母版中，如图 6-38 所示;

③ 选择图片，单击“动画”选项卡下“动画”功能区中“飞入”命令，选择“效果选项”下拉列表中“自右侧”，“计时”功能区中“开始”下拉列表中选择“上一动画之后”，“持续时间”设置为 2 秒;

④ 单击“幻灯片母版”选项卡下“关闭母版视图”按钮。

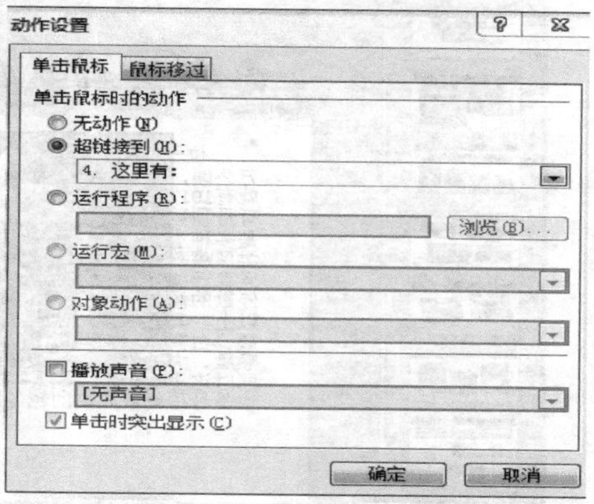

图 6-37 “动作设置”对话框

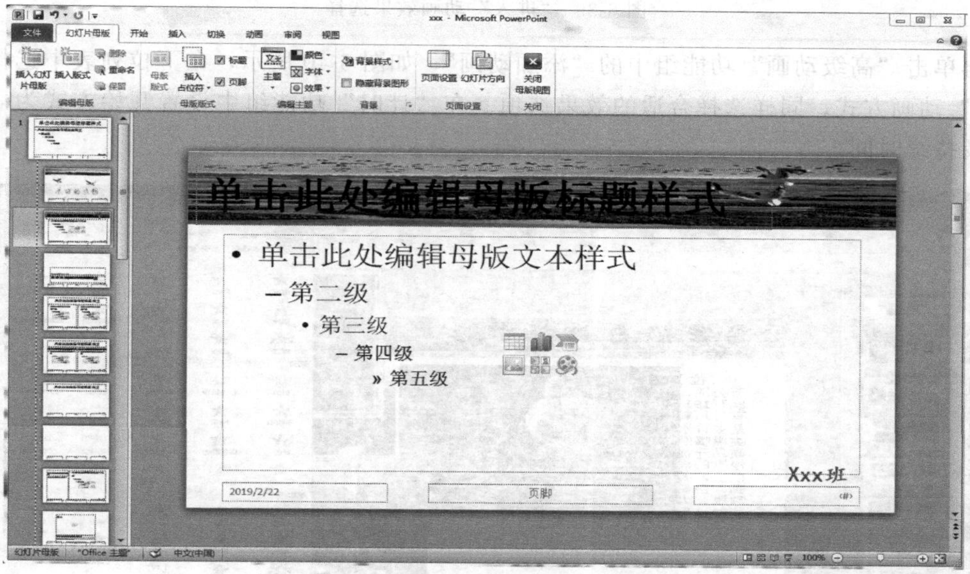

图 6-38 “标题和内容”幻灯片母版效果

2. 设置第 4 张幻灯片动画

选择第 4 张幻灯片中 SmartArt 图形，单击“动画”选项卡下“动画”功能区中“轮子”效果，“效果选项”下拉列表中“轮辐图案”为默认，“序列”为“逐个”。

3. 设置第 5 张幻灯片动画

方法一：

① 选择第 5 张幻灯片，将幻灯片中图片适当拖放摆开，方便对图片操作。

② 选中一幅图片，单击“动画”选项卡，任选一种“进入”动画方式，选择合适的效果选项，在“计时”功能组中设置开始方式选择“上一个动画同时”，如图 6-39 所示，持续时间自拟。

图 6-39 “进入”动画效果选择

再单击“高级动画”功能组中的“添加动画”，如图 6-40 所示，在下拉列表中选择一种“退出”动画方式，同样选择合适的效果选项。在“计时”功能组中设置开始方式为“单击时”及持续时间。

图 6-40 “添加动画”列表

③ 对另外的三幅图片重复以上操作，最后一张图片不设退出动画。最后将 4 张图片重新叠放在一起，预览动画效果。

方法二：

① 选择第 5 张幻灯片，将幻灯片中图片适当拖放摆开，方便对图片操作；

② 打开“动画”选项卡，单击“高级动画”功能区中“动画窗格”按钮，打开动画窗格；

③ 选择第 1 幅图片，单击“高级动画”功能区中“添加动画”下拉列表中“退出”类别中“消失”动画，动画窗格中出现动画效果，如图 6-41 所示；

④ 再单击添加动画效果的下拉按钮，如图 6-41 所示，在弹出的快捷菜单中选择“效果选项”命令，弹出“消失”对话框，在对话框中选择“计时”选项卡，如图 6-42 所示；

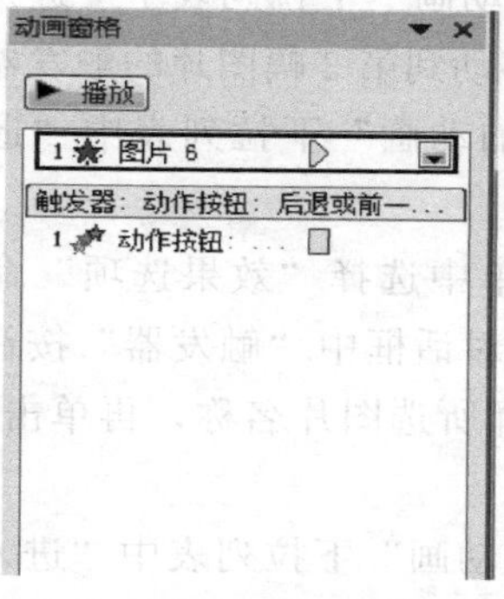

图 6-41　动画窗格

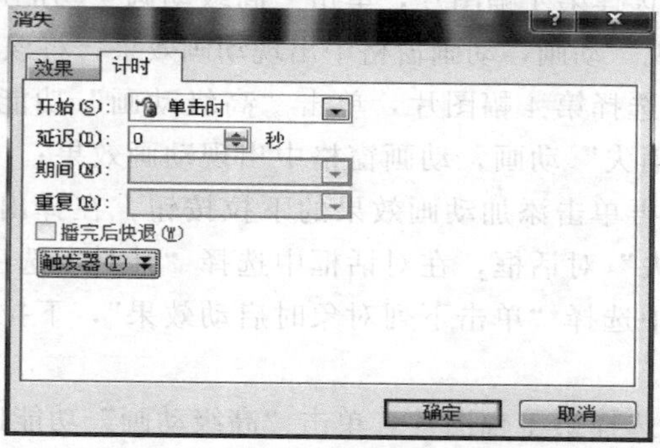

图 6-42　“消失”对话框

⑤ 选择对话框中“触发器”按钮，在展开列表中选择“单击下列对象时启动效果”，下拉列表中选择所选图片名称，再单击“确定”按钮，如图 6-43 所示；

⑥ 选择第 2 幅图片，单击“高级动画”功能区中“添加动画”下拉列表中“进入”类别中“出现”动画，动画窗格中出现动画效果，然后选择动画窗格中动画效果的下拉按钮，在弹出的快捷菜单中选择“从上一项之后开始”，将两幅图片的动画效果在动画窗格中移动到第 1 幅图片的触发器下，如图 6-44 所示；

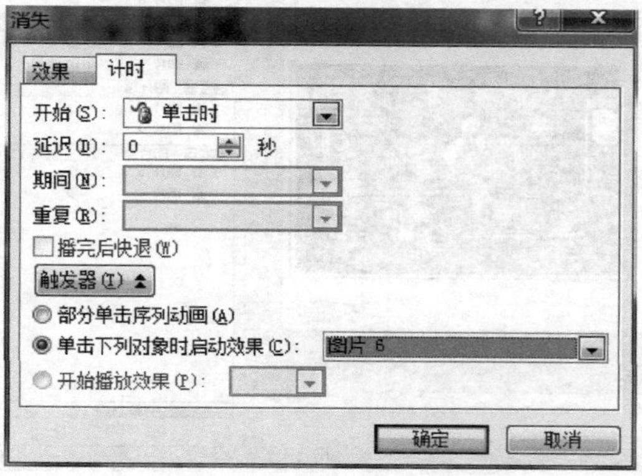

图 6-43　“触发器”选项

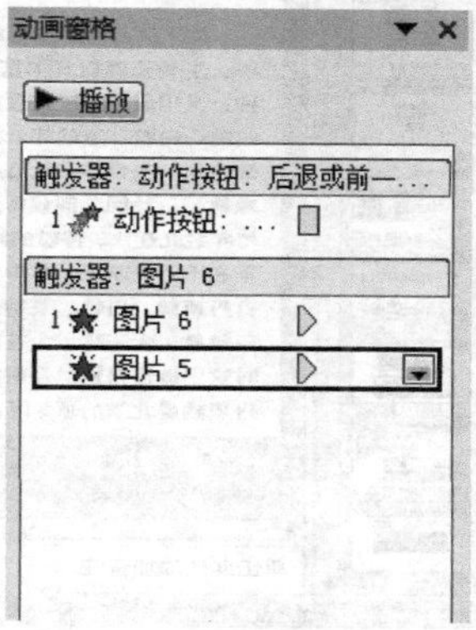

图 6-44　动画窗格效果

⑦ 选择第 2 幅图片，单击“高级动画”功能区中“添加动画”下拉列表中“退出”类别中“消失”动画，动画窗格中出现动画效果；

⑧ 再单击添加动画效果的下拉按钮，在弹出的快捷菜单中选择“效果选项”命令，弹出

“消失”对话框，在对话框中选择“计时”选项卡，选择对话框中“触发器”按钮，在展开列表中选择“单击下列对象时启动效果”，下拉列表中选择所选图片名称，再单击“确定”按钮；

⑨ 选择第 3 幅图片，单击“高级动画”功能区中“添加动画”下拉列表中“进入”类别中“出现”动画，动画窗格中出现动画效果，将该动画效果移动到第 2 幅图片的触发器下；

⑩ 选择第 3 幅图片，单击“高级动画”功能区中“添加动画”下拉列表中“退出”类别中“消失”动画，动画窗格中出现动画效果；

⑪ 再单击添加动画效果的下拉按钮，在弹出的快捷菜单中选择“效果选项”命令，弹出“消失”对话框，在对话框中选择“计时”选项卡，选择对话框中“触发器”按钮，在展开列表中选择“单击下列对象时启动效果”，下拉列表中选择所选图片名称，再单击“确定”按钮；

⑫ 选择第 4 幅图片，单击“高级动画”功能区中“添加动画”下拉列表中“进入”类别中“出现”动画，动画窗格中出现动画效果，将该动画效果移动到第 3 幅图片的触发器下；

⑬ 选择第 4 幅图片，单击“高级动画”功能区中“添加动画”下拉列表中“退出”类别中“消失”动画，动画窗格中出现动画效果；

⑭ 再单击添加动画效果的下拉按钮，在弹出的快捷菜单中选择“效果选项”命令，弹出“消失”对话框，在对话框中选择“计时”选项卡，选择对话框中“触发器”按钮，在展开列表中选择“单击下列对象时启动效果”，下拉列表中选择所选图片名称，再单击“确定”按钮；

⑮ 选择第 1 幅图片，单击“高级动画”功能区中“添加动画”下拉列表中“进入”类别中“出现”动画，动画窗格中出现动画效果，将该动画效果移动到第 4 幅图片的触发器下；

⑯ 将幻灯片中各图片移动回原来的位置，摆放好，如图 6-45 所示。

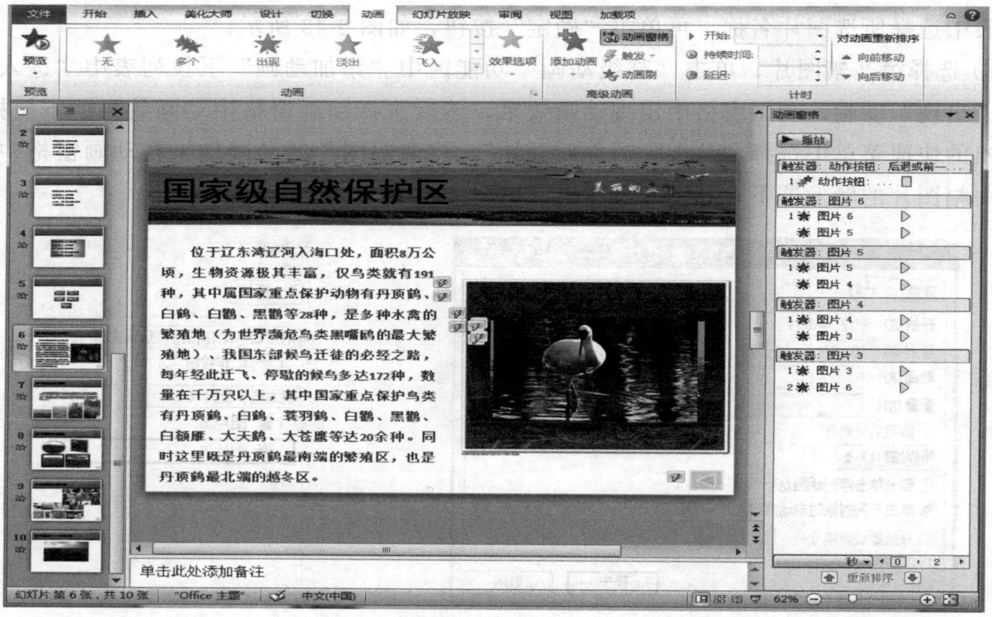

图 6-45　幻灯片各图片移回原位置

4. 设置第 6～8、10 张幻灯片动画

选择第 6 张幻灯片中的文字内容，单击“动画”选项卡下“动画”功能区中“随机线条”效果，选择“效果选项”下拉列表中“水平”效果；选择幻灯片中第一张图片，单击

"动画"选项卡下"其他动画效果"，打开"更多进入效果"对话框，选择"旋出"效果；同样的方式为后面三张图片依次设置"展开"效果、"回旋"效果和"升起"效果，并设置动画的开始方式为"与上一动画同时"。

选择第7张幻灯片中的第一张图片，单击"动画"选项卡下"其他动画效果"，打开"更多进入效果"对话框，选择"浮动"效果；同样的方式为后面三张图片依次设置"飞旋"效果、"螺旋飞入"效果和"曲线向上"效果，并设置动画的开始方式为"上一动画之后"；同样的方式设置第8张幻灯片中的两张图片动画效果为"阶梯型"和"楔入"。

选择第10张幻灯片中的表格，单击"动画"选项卡下"动画"功能区中"缩放"效果，选择"效果选项"下拉列表中"对象中心"效果；选择图表，单击"动画"选项卡下"其他动画效果"，打开"更多进入效果"对话框，选择"浮动"效果。

5. 设置第9张幻灯片动画

选择第9张幻灯片中的Smartart图，单击"动画"选项卡下"动画"功能区中"翻转式由远及近"效果，选择"效果选项"下拉列表中"逐个"效果。

创意项目

个人求职简历演示文稿的目录片，动画设计。

实训项目十八　宣传文稿的切换与放映

实训目的

1. 掌握PowerPoint 2010幻灯片中音频与视频的编辑；
2. 掌握幻灯片的切换效果设计方法；
3. 掌握放映幻灯片的方法。

实训内容

实训项目十八　任务单

实训标题	宣传文稿的切换与放映		任课教师	
班级		学号	姓名	
学习情境	演示文稿的播放设置			
课前预习	演示文稿的切换和放映方式			
课堂学习	1. 问答：幻灯片中支持哪些类型的音频与视频的播放？放映方式有哪些？ 2. 讨论和演示：音频和视频的插入和编辑的方式，切换方式，时间和声音的设置。 3. 操作练习：为幻灯片设置不同的切换方式。 4. 完成实训项目十八			
单元掌握情况	□90%以上　□80%～90%　□60%～80%　□40%～60%　□低于40%			
课后任务 （含下单元预习内容）	个人简历演示文稿的放映设置			
单元学习内容总结				

实训指导 ▶▶▶

【知识链接】

① PowerPoint 2010 支持音频、视频的链接播放，可以提升演示文稿的放映效果。但支持的视频格式十分有限，一般可以插入 WMV、MPEG-1（VCD 格式）、AVI。但由于 AVI 的压缩编码方法很多，并不是所有的 AVI 格式都支持。一般建议使用 WMV 和 MPEG-1 格式。但 WMV 格式也存在高低版本的问题，有时在本机能正常播放，到别的低配置一点机器上可能不能播放，这是版本问题。最好格式是 MPEG-1 格式，任何电脑都可播放。还可以插入格式 FLV、SWF，但是必须用控件或是插件［注意：插入影片后可能会出现只有声音没有影像（一片黑）的情况，这是由于用户所安装的 PPT 版本所支持的视频解码不全或损坏，要更新］。

除了可以在 PPT 内插入视频文件，还可以将其他整个 PPT 文件转换成视频。2010 版本 PPT 支持导出 WMV 格式视频，当然也可以利用转换器例如狸猫 PPT 转换器，将 PPT 转换成几乎任意格式视频文件。

视频类型转换软件推荐：暴风转码，确然转码大师，狸窝全能视频转换器。

② 切换效果是指放映过程中，从一张幻灯片切换到下一张幻灯片时采用的动态显示效果。通俗讲就是幻灯片的出场方式。可通过“切换”选项卡进行设置。

③ PowerPoint 2010 有三种放映类型：演讲者放映方式（全屏幕）、观众自行浏览方式（窗口）、在展台浏览方式（全屏幕）。

【实训要求】

1. 视频、音频的动画编辑

① 在第 11 张幻灯片中插入素材中的“盘锦 MV——《红海滩》. mp4”视频文件。设置为“全屏播放”，任选一幅图片作标牌框架。

② 在标题幻灯片（即第 1 张）中插入一个音频文件“小河-淌水-葫芦丝. mp3”，使其播放时隐藏，跨幻灯片播放。并在第 10 张幻灯片停止。

2. 设置幻灯片切换方式

① 第 1 张幻灯片切换效果为“门”。

② 第 2～4 张幻灯片切换效果为“立方体”。

③ 第 5 张幻灯片切换效果为“平移”。

④ 第 6 张幻灯片切换效果为“传送带”。

⑤ 第 7 张幻灯片切换效果为“擦除”，效果选项为“自右上部”。

⑥ 第 8 张幻灯片切换效果为“覆盖”。

⑦ 第 9 张幻灯片切换效果为“揭开”。

⑧ 第 10 张幻灯片切换效果为“翻转”。

3. 设置幻灯片放映方式为自定义放映

放映幻灯片为 1、2、5、6、7、8、9、10 页。

4. 幻灯片大小为全屏显示 16:9

【操作指导】

一、幻灯片中视频、音频的动画编辑

1. 新建第 11 张幻灯片，版式为空白

点击“插入”选项卡选择媒体组中的视频，插入素材中的视频文件。

2. 选择幻灯片中视频对象

在窗口上方弹出“视频工具”选项卡。

① 选择“视频工具”选项卡下“播放”选项卡中“视频选项”功能区的“全屏播放”复选按钮，如图 6-46 所示。

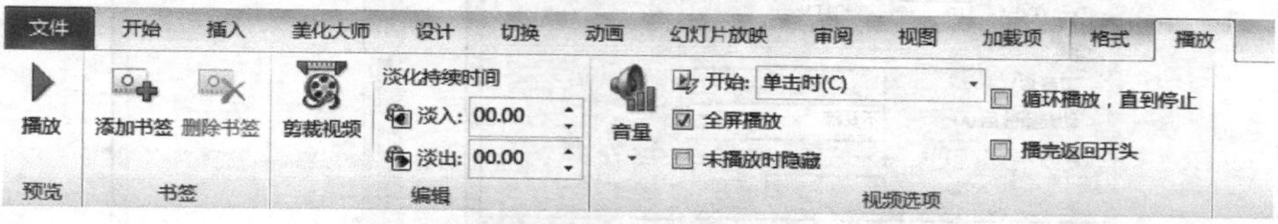

图 6-46　选择“全屏播放”按钮

② 选择“视频工具”选项卡下“格式”选项卡中“调整”功能区的“标牌框架”按钮，在下拉列表中选择“文件中的图像”，任选一幅图片。

3. 在幻灯片中插入音频

① 选择第 1 张标题幻灯片，选择“插入”选项卡下“媒体”功能区中“音频”下拉列表中的“文件中的音频”命令，在弹出的对话框中选择素材中的音频文件“小河-淌水-葫芦丝.mp3”，如图 6-47 所示。

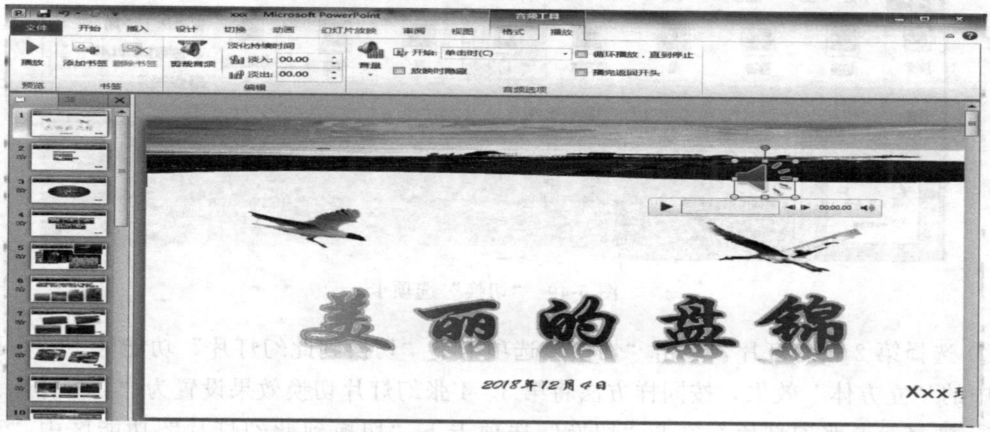

图 6-47　“音频”动画编辑

② 打开“音频工具”选项卡下的“播放”选项卡，在“音频选项”功能区中设置“开始”选项为“跨幻灯片播放”，选择“放映时隐藏”复选按钮。

③ 选择“动画”选项卡，单击“高级动画”组中的“动画窗格”，右击“小河淌水”，选择快捷菜单中的“效果选项”，打开“播放音频”对话框，如图 6-48 所示。在“效果”选项卡中设置“停止播放”选项为“在 10 张幻灯片后”。

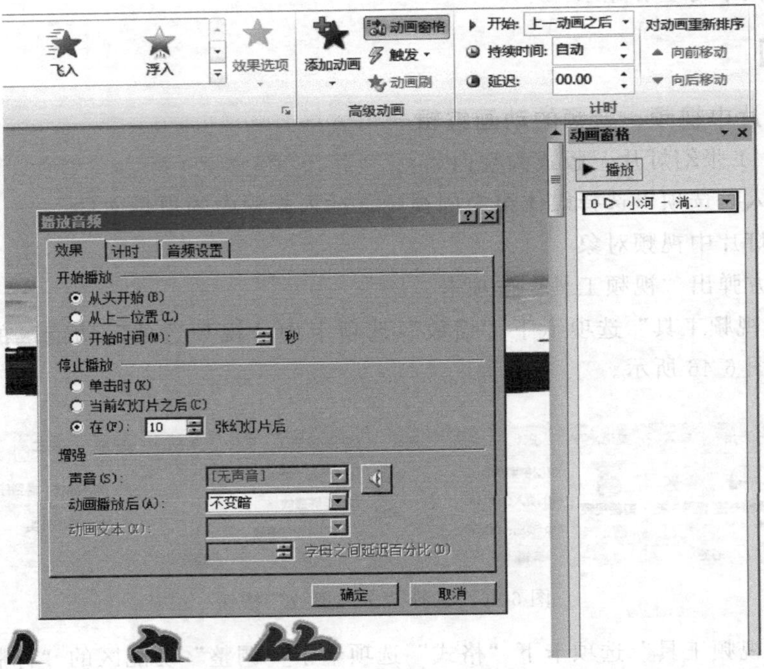

图 6-48 “播放音频”对话框

二、幻灯片切换方式设置

① 选择第 1 张幻灯片，单击“切换”选项卡下“切换到此幻灯片”功能区中“华丽型”类别中的“门”效果，如图 6-49 所示。

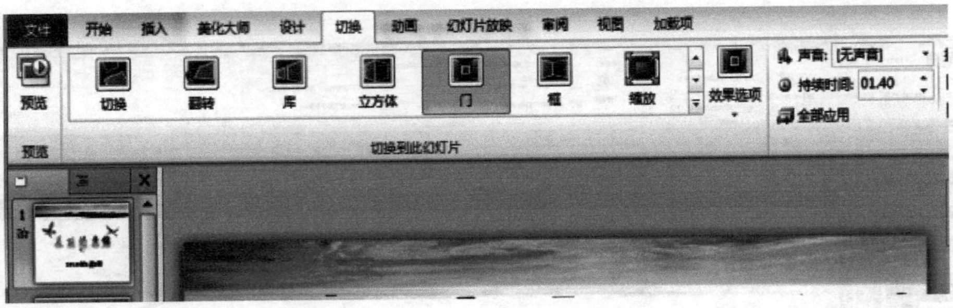

图 6-49 “切换”选项卡

② 选择第 2 张幻灯片，单击“切换”选项卡下“切换到此幻灯片”功能区中“华丽型”类别中的“立方体”效果，按同样方法将第 3、4 张幻灯片切换效果设置为“立方体”效果。

③ 选择第 5 张幻灯片，单击“切换”选项卡下“切换到此幻灯片”功能区中“动态”类别中的“平移”效果。

④ 选择第 6 张幻灯片，单击“切换”选项卡下“切换到此幻灯片”功能区中“动态”类别中的“传送带”效果。

⑤ 选择第 7 张幻灯片，单击“切换”选项卡下“切换到此幻灯片”功能区中“细微型”类别中的“擦除”效果，效果选项为“自右上部”。

⑥ 选择第 8 张幻灯片，单击“切换”选项卡下“切换到此幻灯片”功能区中“细微型”

类别中的“覆盖”效果。

⑦ 选择第 9 张幻灯片，单击“切换”选项卡下“切换到此幻灯片”功能区中“细微型”类别中的“揭开”效果。

⑧ 选择第 10 张幻灯片，单击“切换”选项卡下“切换到此幻灯片”功能区中“华丽型”类别中的“翻转”效果。

三、幻灯片放映方式设置

① 打开“幻灯片放映”选项卡，选择“开始放映幻灯片”功能区中“自定义幻灯片放映”下拉按钮，如图 6-50 所示，在下拉列表中选择“自定义放映”命令。

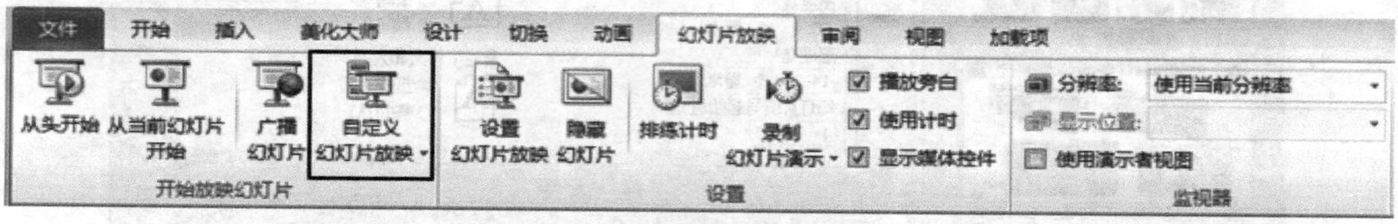

图 6-50 “幻灯片放映”选项卡

② 在弹出的“自定义放映”对话框中选择“新建”命令按钮，弹出“定义自定义放映”对话框，如图 6-51 所示，在“幻灯片放映名称”编辑框内输入“盘锦红海滩”，将演示文稿中的第 1、2、5、6、7、8、9、10 张幻灯片添加到右侧自定义放映中的幻灯片中，单击“确定”命令按钮，如图 6-52 所示。

③ 放映幻灯片，观看“美丽的盘锦”演示文稿的放映效果。

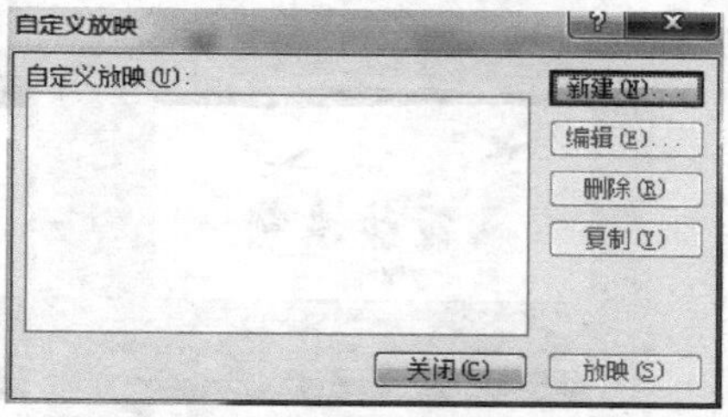

图 6-51 “自定义放映”对话框

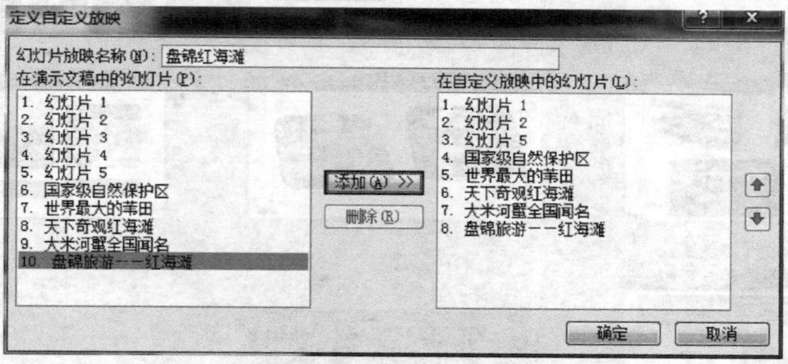

图 6-52 “定义自定义放映”对话框

四、幻灯片大小设置

点击“设计”选项卡，选择页面设置功能组中的“页面设置”，在页面设置对话框中设置幻灯片大小，如图 6-53 所示。

宣传片最后效果图如图 6-54 所示。

创意项目

个人求职简历演示文稿的音频、视频、放映设计。

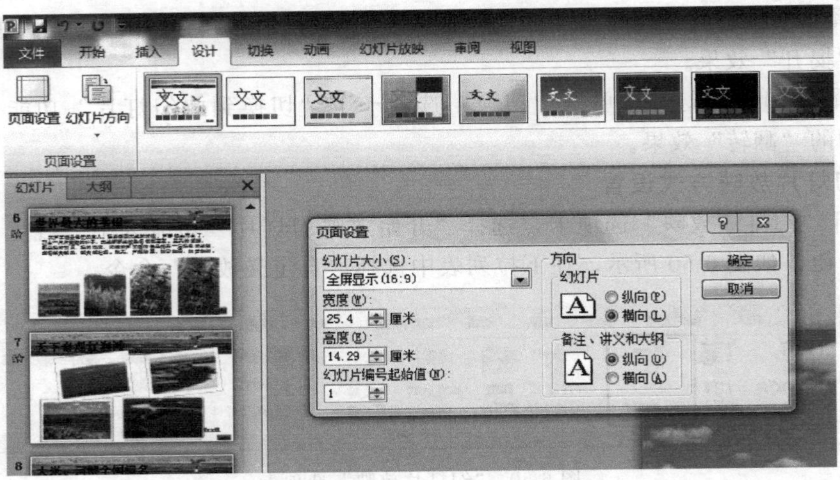

图 6-53 “页面设置”对话框

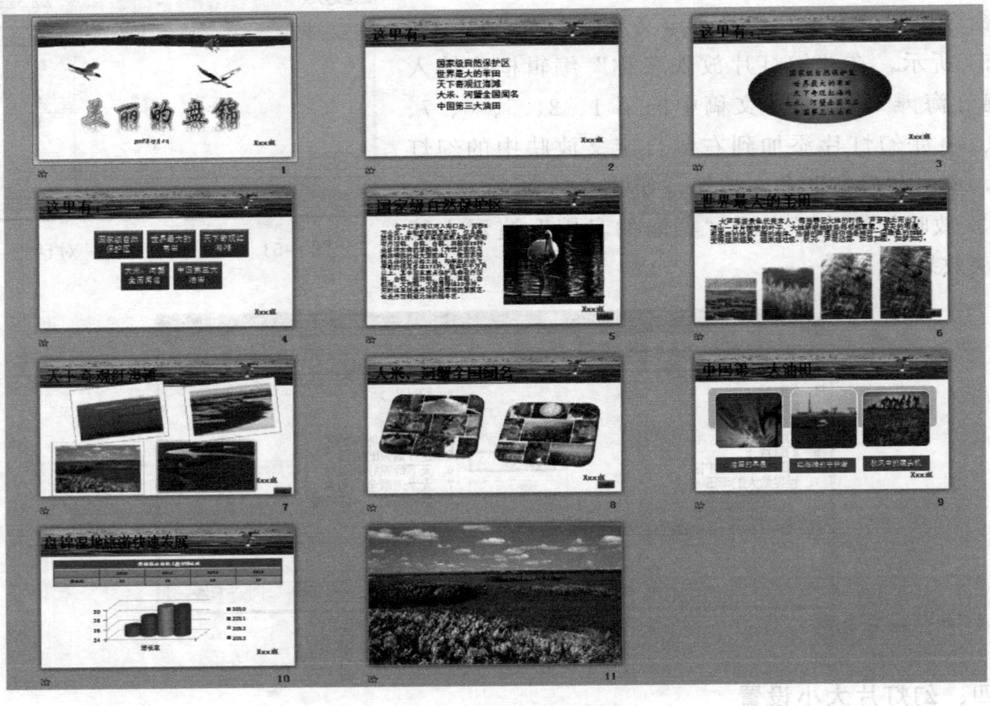

图 6-54 宣传片最后效果图

附 录

模拟试题

全国计算机等级考试一级计算机基础及 MS Office 模拟试题

一、选择题（每小题 1 分，共 20 分）

1. 世界上第 1 台电子数字计算机 ENIAC 是在美国研制成功的，其诞生的年份是________。

A. 1943　　B. 1946　　C. 1949　　D. 1950

2. 二进制数 1000010 转换成十进制数是________。

A. 62　　B. 64　　C. 66　　D. 68

3. 十进制数 89 转换成二进制数是________。

A. 1010101　　B. 1011001　　C. 1011011　　D. 1010011

4. 在下列字符中，其 ASCII 码值最小的一个是________。

A. 控制符　　B. 0　　C. A　　D. a

5. 在标准 ASCII 码表中，已知英文字母 A 的 ASCII 码是 01000001，英文字母 F 的 ASCII 码是________。

A. 01000011　　B. 01000100　　C. 01000101　　D. 01000110

6. 根据汉字国标 GB 2312—80 的规定，存储一个汉字的内码需用的字节个数是________。

A. 4　　B. 3　　C. 2　　D. 1

7. 组成计算机指令的两部分是________。

A. 数据和字符　　B. 操作码和地址码

C. 运算符和运算数　　D. 运算符和运算结果

8. 计算机操作系统是________。

A. 一种使计算机便于操作的硬件设备　　B. 计算机的操作规范

C. 计算机系统中必不可少的系统软件　　D. 对源程序进行编辑和编译的软件

9. 下列设备组中，完全属于外部设备的一组是________。

A. 激光打印机、移动硬盘、鼠标器

B. CPU、键盘、显示器

C. SRAM 内存条、CD、ROM 驱动器、扫描仪

D. USB 优盘、内存储器、硬盘

10. 下列软件中，属于应用软件的是________。

A. Windows 2000　B. UNIX　C. Linux　D. WPS Office 2002

11. 能直接与CPU交换信息的存储器是________。

A. 硬盘存储器　B. CD-ROM　C. 内存储器　D. 软盘存储器

12. 下列叙述中，错误的是________。

A. 内存储器RAM中主要存储当前正在运行的程序和数据

B. 高速缓冲存储器（Cache）一般采用DRAM构成

C. 外部存储器（如硬盘）用来存储必须永久保存的程序和数据

D. 存储在RAM中的信息会因断电而全部丢失

13. 在微机中，1GB等于________。

A. 1024×1024Bytes　B. 1024KB

C. 1024MB　D. 1000MB

14. 下列的英文缩写和中文名字的对照中，错误的是________。

A. URL——统一资源定位器　B. ISP——因特网服务提供商

C. ISDN——综合业务数字网　D. ROM——随机存取存储器

15. 下列叙述中，错误的是________。

A. 硬盘在主机箱内，它是主机的组成部分

B. 硬盘属于外部设备

C. 硬盘驱动器既可做输入设备又可做输出设备

D. 硬盘与CPU之间不能直接交换数据

16. 度量处理器CPU时钟频率的单位是________。

A. MIPS　B. MB　C. MHz　D. Mbps

17. CPU主要性能指标是________。

A. 字长和时钟主频　B. 可靠性　C. 耗电量和效率　D. 发热量和冷却效率

18. 一台微机性能的好坏，主要取决于________。

A. 内存储器的容量大小　B. CPU的性能

C. 显示器的分辨率高低　D. 硬盘的容量

19. 下列关于计算机病毒的说法中，正确的是________。

A. 计算机病毒是一种有损计算机操作人员身体健康的生物病毒

B. 计算机病毒发作后，将造成计算机硬件永久性的物理损坏

C. 计算机病毒是一种通过自我复制进行传染的，破坏计算机程序和数据的小程序

D. 计算机病毒是一种有逻辑错误的程序

20. 下列关于计算机病毒的叙述中，正确的是________。

A. 反病毒软件可以查、杀任何种类的病毒

B. 计算机病毒是一种被破坏了的程序

C. 反病毒软件必须随着新病毒的出现而升级，提高查、杀病毒的功能

D. 感染过计算机病毒的计算机具有对该病毒的免疫性

二、基本操作题（10分）

Windows基本操作题，不限制操作的方式。

注意：下面操作的所有文件都必须保存在考生文件夹下，本题型共有 5 小题。

1. 将考生文件夹下的“RDEV”文件夹中的文件“KING. MAP”删除。

2. 在考生文件夹下“BEF”文件夹中建立一个名为“SEOG”的新文件夹。

3. 将考生文件夹下“RM”文件夹中的文件“PALY. PRG”复制到考生文件夹下“BMP”文件夹中。

4. 将考生文件夹下“TEED”文件夹中的文件“KESUT. AVE”设置为隐藏属性并撤消其存档属性。

5. 将考生文件夹下“QENT”文件夹中的文件“PTITOR. FRX”移动到考生文件夹下“KNTER”文件夹中，并改名为“SOLE. CDX”。

三、Word 操作题（25 分）

请在“答题”菜单下选择“字处理”命令，然后按照题目要求再打开相应的命令，完成下面的内容，具体要求如下。

注意：下面出现的所有文件都必须保存在考生文件夹下。

1. 在考生文件夹下，打开文档“WORDl. DOCX”，按照要求完成下列操作并以该文件名（WORDl. DOCX）保存文档。

（1）将文中所有“美园”替换为“美元”。

（2）将标题段文字（“货币知识——美元”）设置为红色三号黑体、加粗、居中，字符间距加宽 4 磅。

（3）将正文各段（“美圆，……面额的钞票。”），左右各缩进 2 字符，悬挂缩进 2 字符，行距 18 磅。

2. 在考生文件夹下，打开文档“WORD2. DOCX”，按照要求完成下列操作并以该文件名（WORD2. DOCX）保存文档。

（1）插入一 6 行 6 列表格，设置表格列宽为 2 厘米、行高为 0.4 厘米；设置表格外框线为 1.5 磅绿色单实线、内框线为 0.5 磅绿色单实线。

（2）将第一行所有单元格合并并设置该行为黄色底纹。

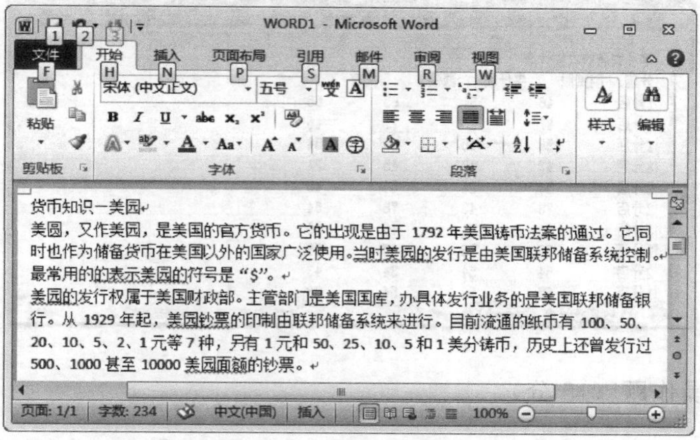

四、Excel 操作题（20 分）

请在“答题”菜单下选择“电子表格”命令，然后按照题目要求再打开相应的命令，完成下面的内容，具体要求如下。

注意：下面出现的所有文件都必须保存在考生文件夹下。

1. 在考生文件夹下打开“EXCEL. XLSX”文件。

（1）将 Sheetl 工作表的 A1:G1 单元格合并为一个单元格，内容水平居中；计算“合计”行的内容和“总销量”列，并按“总销量”降序次序的排名（利用 RANK 函数）；如 A 产品和 B 产品的销量都大于 8000 则在备注栏内给出信息“有奖金”，否则给出信息“无奖金”（利用 IF 函数实现）；将工作表命名为“销售业绩提成表”。

（2）选取“销售业绩提成表”的 A2:D12 单元格区域，建立“柱形圆柱图”（系列产生在“列”），标题为“销售业绩提成图”，图例位置靠左，将图插入到表的 A14:F26 单元格区域内，保存“EXCEL. XLSX”文件。

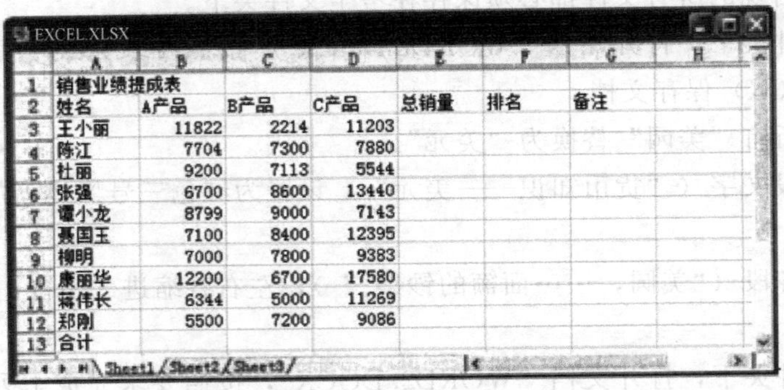

	A	B	C	D	E	F	G
1	销售业绩提成表						
2	姓名	A产品	B产品	C产品	总销量	排名	备注
3	王小丽	11822	2214	11203			
4	陈江	7704	7300	7880			
5	杜丽	9200	7113	5544			
6	张强	6700	8600	13440			
7	谭小龙	8799	9000	7143			
8	聂国王	7100	8400	12395			
9	柳明	7000	7800	9383			
10	康丽华	12200	6700	17580			
11	蒋伟长	6344	5000	11269			
12	郑刚	5500	7200	9086			
13	合计						

2. 打开工作簿文件“EXC. XLSX”，在 F2 中输入内容“合计”，用公式计算“合计”列的内容，对工作表的内容按“分店”升序的次序排序，以分类字段为“分店”、汇总方式为“求和”、汇总项为“合计”进行分类汇总，汇总结果显示在数据下方，工作表名不变，保存为“EXC. XLSX”。

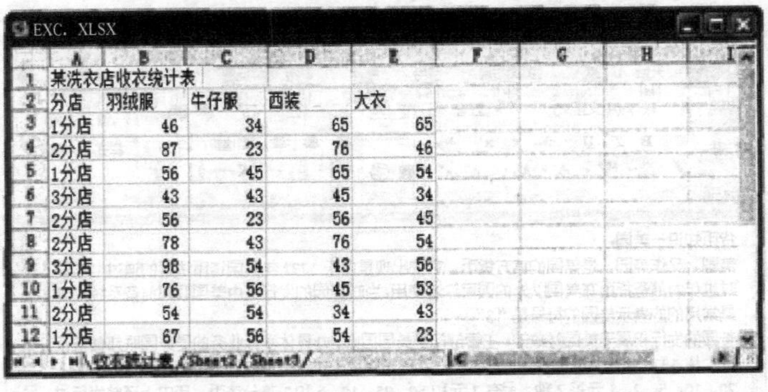

	A	B	C	D	E
1	某洗衣店收衣统计表				
2	分店	羽绒服	牛仔服	西装	大衣
3	1分店	46	34	65	65
4	2分店	87	23	76	46
5	1分店	56	45	65	54
6	3分店	43	43	45	34
7	2分店	56	23	56	45
8	2分店	78	43	76	54
9	3分店	98	54	43	56
10	1分店	76	56	45	53
11	2分店	54	54	34	43
12	1分店	67	56	54	23

五、PowerPoint 操作题（15 分）

请在“答题”菜单下选择“演示文稿”命令，然后按照题目要求再打开相应的命令，完成下面的内容，具体要求如下。

注意：下面出现的所有文件都必须保存在考生文件夹下。

打开考生文件夹下的演示文稿“yswg. pptx”，按照下列要求完成对此文稿的修饰并保存。

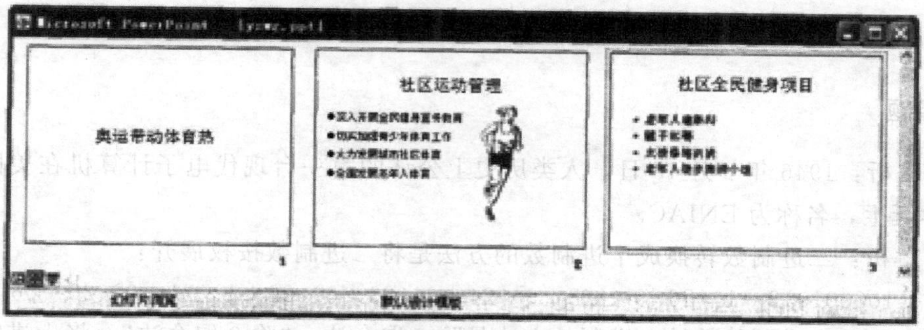

（1）第一张幻灯片的主标题文字的字体设置为“黑体”，字号设置为57磅，加粗，加下划线。第二张幻灯片图片的动画设置为“进入效果”→“基本型”→“飞入”“自底部”，标题和文本动画都设置为“进入效果”→“基本型”→“棋盘”“跨越”。第三张幻灯片的背景为预设“茵茵绿原”，底纹式样为“斜下”。

（2）第二张幻灯片的动画出现顺序为先标题、后文本、最后图片。使用“Blends”模板修饰全文。放映方式为“观众自行浏览”。

六、上网题（10分）

请在“答题”菜单下选择相应的命令，完成下面的内容。

注意：下面出现的所有文件都必须保存在考生文件夹下。

（1）某考试网站的主页地址是：HTTP：//NCRE/1JKS/INDEX. HTML，打开此主页，浏览“计算机考试”页面，查找“NCRE证书能否得到了大家的认可？”页面内容，并将它以文本文件的格式保存到考生文件夹下，命名为“ljswksl6. txt”。

（2）向王老师发一个E-mail，并将考生文件夹下的一个文本文件“lunwen. txt”作为附件一起发出。具体内容如下：

【收件人】wangbin@163. com

【主题】论文

【函件内容】“王老师：你好，寄上论文一篇，见附件，请审阅。”

答案及解析

一、选择题

1. B 解析：1946 年 2 月 15 日，人类历史上公认的第一台现代电子计算机在美国宾夕法尼亚大学诞生，名称为 ENIAC。

2. C 解析：二进制数转换成十进制数的方法是将二进制数按权展开：

(1000010)2＝1×26＋0×25＋0×24＋0×23＋0×22＋1×21＋0×20＝66

3. B 解析：十进制整数转二进制的方法是除 2 取余法。“除 2 取余法”：将十进制数除以 2 得一商数和一余数。再用商除以 2……依此类推。最后将所有余数从后往前排列。

4. A 解析：在 ASCII 码表中，根据码值由小到大的排列顺序是：控制符、数字符、大写英文字母、小写英文字母。

5. D 解析：字母 A 比字母 F 小 5，所以 F 的码值是 01000001＋1＋1＋1＋1＋1＝01000110。

6. C 解析：一个汉字的机内码一般用两个字节即 16 个二进制位来表示。

7. B 解析：一条指令必须包括操作码和地址码（或“操作数”）两部分，操作码指出该指令完成操作的类型，如加、减、乘、除、传送等。地址码指出参与操作的数据和操作结果存放的位置。

8. C 解析：计算机操作系统是计算机系统中必不可少的系统软件。

9. A 解析：外部设备是指连在计算机主机以外的设备，一般分为输入设备和输出设备。

10. D 解析：为解决各类实际问题而设计的程序系统称为应用软件。例如，文字处理、表格处理、电子演示文稿软件等。

11. C 解析：内存储器是计算机主机的一个组成部分，它与 CPU 直接进行信息交换；而外存储器不能与 CPU 直接进行信息交换，CPU 只能直接读取内存中的数据。

12. B 解析：即高速缓冲存储器，是位于 CPU 和主存储器 DRAM（DynamicRAM）之间的规模较小的但速度很高的存储器，通常由 SRAM 组成。

13. C 解析：字节的容量一般用 KB、MB、GB、TB 来表示，它们之间的换算关系：1KB＝10248；1MB＝1024KB；1GB＝1024MB：1TB＝1024GB。

14. D 解析：ROM 是只读存储器。

15. A 解析：主机的组成部分是 CPU 和内存。

16. C 解析：主频是指 CPU 每秒钟发出的脉冲数，单位为兆赫兹（MHz）。它在很大程度上决定了微机的运算速度。通常主频越高，速度越快。计算机的运算速度通常指平均运算速度，即每秒钟所能执行的指令条数，一般用百万条/秒（MIPS）来描述。

17. A 解析：计算机的技术性能指标主要是指字长、运算速度、内/外存容量和 CPU 的时钟频率。

18. B 解析：CPU 是一台电脑的核心部件。一般而言，CPU 的性能决定了整个计算机的级别。

19. C 解析：计算机病毒是一种人为编制的小程序。这种特殊的程序隐藏在计算机系统中，通过自我复制来传播，在一定条件下被激活，从而影响和破坏正常程序的执行和数据安全，具有相当大的破坏性。这种程序的活动方式与生物学中的病毒相似，因而被称为计算机病毒。

20. C 解析：反病毒软件可以查、杀病毒，但不能查、杀所有的病毒。新的计算机病毒可能不断出现，反病毒软件是随之产生的，反病毒软件通常滞后于计算机新病毒的出现。

二、基本操作题

1. 删除文件

① 打开考生文件夹下“RDEV”文件夹，选定要删除的文件“KING. MAP”；

② 按 Delete 键，弹出“确认”对话框；

③ 单击“确定”按钮，将文件（文件夹）删除到回收站。

2. 创建文件夹

① 打开考生文件夹下“BEF”文件夹；

② 选择“文件”→“新建”→“文件夹”命令，或按单击鼠标右键，弹出快捷菜单，选择“新建”→“文件夹”命令，即可生成新的一个文件夹；

③ 此时文件夹的名字处呈现蓝色可编辑状态，直接编辑名称“SEOG”，按 Enter 键完成命名。

3. 复制文件

① 打开考生文件夹下“RM”文件夹，选定文件“PALY. PRG”；

② 选择“编辑”→“复制”命令，或按快捷键 Ctrl＋C；

③ 打开考生文件夹下“BMP”文件夹；

④ 选择“编辑”→“粘贴”命令，或按快捷键 Ctrl＋V。

4. 设置文件的属性

① 打开考生文件夹下“TEED”文件夹，选定“KESUT. AVE”；

② 选择“文件”→“属性”命令，或按单击鼠标右键弹出快捷菜单，选择“属性”命令，即可打开“属性”对话框；

③ 在“属性”对话框中勾选“隐藏”属性，并单击“高级”按钮，弹出“高级属性”对话框，从中勾销“可以存档文件”选项，单击“确定”按钮。

5. 移动文件和文件命名

① 打开考生文件夹下“QENT”文件夹，选定“PTITOR. FRX”；

② 选择“编辑”→“剪切”命令，或按快捷键 Ctrl＋X；

③ 打开考生文件夹下“KNTER”文件夹；

④ 选择“编辑”→“粘贴”命令，或按快捷键 Ctrl＋V；

⑤ 选定移动来的 PTITOR. FRX；

⑥ 按 F2 键，此时文件（文件夹）的名字处呈现蓝色可编辑状态，直接编辑名称为“SOLE. CDX”。

三、Word 操作题

本题分为两小题：第 1 题是文档排版题（对应 WORD1. DOCX），第 2 题是表格题（对应 WORD2. DOCX)。

1. 首先在“考试系统”中选择“答题”→“字处理题”→“WORD1. DOCX”命令，将文档“WORD1. DOCX”打开。

步骤 1：选择工具栏“替换”命令，在弹出的“查找和替换”对话框中的“查找内容”输入“美园”，在“替换为”中输入“美元”，并单击“全部替换”按钮。

步骤 2：选择标题文本，单击工具栏上的“宋体五号”，设置字体为“黑体”、字号为“三号”，颜色为“红色”，加粗并居中对齐。

步骤 3：点击右键，选择“字体”命令，在弹出的“字体”对话框中“字符间距”对话框的“间距”中选择“加宽”，在“磅值”中输入“4 磅”。

步骤 4：选择文档中的正文部分，单击鼠标右键，在弹出的快捷菜单中选择“段落”命令，在弹出的“段落”对话框的“左”和“右”中输入值为“2 字符”，在“特殊格式”中选择“悬挂缩进”，在“度量值”中输入“2 字符”，在“行距”中选择“固定值”，在“设置值”中输入“18 磅”。

2. 首先在“考试系统”中选择“答题”→“字处理题”→“WORD2. DOCX”命令，将文档“WORD2. DOCX”打开。

步骤 1：选择“插入”标签，点击“表格”→“插入表格”命令，在弹出的“插入表格”对话框的“列数”中输入“6”，在“行数”中输入“6”，并单击“确定”按钮。

步骤 2：选择整个表格，单击鼠标右键，在弹出的快捷菜单中选择“表格属性”命令，在弹出的“表格属性”对话框“列”中勾选“指定宽度”，在其后的文本框中输入“2 厘米”。

步骤 3：在“行”中勾选“指定高度”，在其后的文本框中输入“0.4 厘米”，在“行高值是”中选择“固定值”。

步骤 4：选中整个表格，单击鼠标右键，在弹出的快捷菜单中选择“边框和底纹”命令，在弹出的“边框和底纹”对话框的“线型”中选择“单实线”，在“宽度”中选择“1.5 磅”，在“颜色”中选择“绿色”。

步骤 5：在“设置”中选择“自定义”，在“线型”中选择“单实线”，在“宽度”中选择“0.5 磅”，在“颜色”中选择“绿色”，将鼠标光标移动到“预览”的表格中心位置，单击鼠标添加内线。

步骤 6：选择表格的第 1 行，单击鼠标右键，在弹出的快捷菜单中选择“合并单元格”命令，将第 1 行中的所有单元格合并，右键选择“边框和底纹”命令，在弹出的“边框和底纹”对话框“底纹”的“填充”中选择“黄色”。

四、Excel 操作题

本题分为两小题：第 1 题是基本题、函数题、图表题（对应 EXCEL. XLSX），第 2 题是数据处理题（对应 EXC. XLSX）。

1. 首先在“考试系统”中选择“答题”→“电子表格题”→“EXCEL. XLSX”命令，将文档“EXCEL. XLSX”打开。

（1）计算合计值

步骤 1：选中工作表 Sheet1 中的 A1:G1 单元格，单击工具栏上的“ ”合并后居中▼，这样一下完成两项操作：选中的单元格合并成一个单元格、单元格中的内容水平居中对齐。

步骤 2：选择 B3:B13 单元格，单击工具栏上的 Σ 自动求和▼，将自动计算出 B3:B12

单元格的合计值，该值出现在B13单元格中。复制B13中的公式到C13、E13中，可完成“合计”行的计算。

步骤3：选择B3:E3单元格，单击工具栏上的∑自动求和▼，将自动计算出B3：D3单元格的总销量，该值出现在E3单元格中。

步骤4：将鼠标移动到E3单元格的右下角，按住鼠标左键不放向下拖动即可计算出其他行的总计值。这里其实是将E3中的公式复制到其他单元格中了。同理复制B13中的公式到C13、D13中去。

(2) 使用RANK函数计算排名值

在F3中输入公式“=RANK（E3，$E$3:$E$12，0）”，将对E3:E12中的数据进行对比，并将E3中的数据在对比中的排序结果显示出来。拖动填充复制F3中的公式到F列其他单元格中。

(3) 使用IF按条件输出结果

步骤1：在G3中输入公式“=IF（AND（B3>8000,C3>8000），“有奖金”，“无奖金”）”。这里用了一个略微复杂的IF函数公式。公式的主体是一个条件函数：“=IF（）”，其具有3个参数，其功能是：当满足参数1的条件时，显示参数2，否则显示参数3。3个参数分别用西文逗号“,”隔开，本题中

参数1：AND（B3>8000，C3>8000）

参数2：“有奖金”

参数3：“无奖金”

本公式的条件为参数1同时满足B3、C3中的数据都“大于8000”。我们看看可能出现的几种情况：

① 如果B3、C3中有一项数据没有大于8000，也就是说小于或等于8000的话，则产生参数3，即显示“无奖金”3个字；

② 如果B3、C3两项数据都大于8000，则条件成立，产生参数2，即显示字符串“有奖金”。

步骤2：复制G3中的公式到G列其他单元格中，就可以完成对G列其他行的条件筛选。

步骤3：将鼠标光标移动到工作表下方的表名处，单击鼠标右键，在弹出的快捷菜单中选择“重命名”命令，直接输入表的新名称“销售业绩提成表”。

(4) 新建和编辑图表

选择工作簿中需要编辑的表单，为其添加图表，其具体操作如下。

步骤1：选取A2:D12，选择“插入”→“图表”命令，在弹出的“图表向导”对话框标准类型的“图表类型”中选择“圆柱图”，在“子图表类型”中选择“柱形圆柱图”。

步骤2：单击“下一步”按钮，在弹出的对话框的“系列产生在”中选中“列”单选按钮。

步骤3：单击“下一步”按钮，在弹出的对话框的“图表标题”中输入文本“销售业绩提成图”。

步骤4：单击“图例”，在“位置”中勾选“靠左”。

步骤5：单击“下一步”按钮，在弹出的对话框中选中“作为其中的对象插入”单选按钮。

步骤 6：单击“完成”按钮，图表将插入到表格中，拖动图表到 A14:F26 区域内，注意，不要超过这个区域。

2. 首先在“考试系统”中选择“答题”→“电子表格题”→“EXC. XLSX”命令，将文档“EXC. XLSX”打开。

步骤 1：在 F2 中输入“合计”两字。选中 83:F3，单击工具栏上，则相当于在 F3 中输入公式“=SUM(B3:E3）”，将自动计算出求 B3～E3 区域内所有单元格的数据之和，该值出现在 F3 单元格中。将鼠标移动到 F3 单元格的右下角，按住鼠标左键不放向下拖动即可计算出 F 列其他行之和。

步骤 2：单击工作表中带数据的单元格，选择“数据”→“排序”命令，在“排序”的“主要关键字”中选择“分店”，在其后选中“升序”。

步骤 3：选择“数据”→“分类汇总”命令，弹出“分类汇总”，在“分类字段”中选择“分店”，在“汇总方式”中选择“求和”，在“选定汇总项（可有多个）”中选择“合计”，勾选“汇总结果显示在数据下方”。

步骤 4：保存文件“EXC. XLSX”。

五、PowerPoint 操作题

步骤 1：在“考试系统”中选择“答题”→“演示文稿题”→“yswg. pptx”命令，将演示文稿“yswg. pptx”打开。选择第一张幻灯片的主标题。选定文本后，单击工具栏上的“字体”“字号”下拉框和“下划线”“加粗”按钮，设置字体为“黑体”，字号为“57”，加粗并在文本下方添加下划线。

步骤 2：使第二张幻灯片成为当前幻灯片，首先选定设置动画的图片，然后选择“幻灯片放映”→“自定义动画”命令，弹出“自定义动画”任务窗格，在“添加效果”中选择“进入”→“飞入”，在“方向”中选择“自底部”。

步骤 3：同理设置文本和标题的动画效果。在任务窗格中部，用鼠标拖动对象名称可以调整动画播放的顺序。

步骤 4：选择第三张幻灯片，选择“格式”→“背景”命令，在弹出的“背景”对话框中单击“颜色”下拉列表，在弹出的菜单中选择“填充效果”命令，在弹出的“填充效果”对话框“渐变”选项卡的“颜色”中选择“预设”，在“预设颜色”中选择“茵茵绿原”，在“底纹样式”中选择“斜下”。

步骤 5：单击“确定”按钮返回前一对话框，这里注意要单击“应用”按钮（指的是只应用于当前幻灯片）。

步骤 6：选择“格式”→“幻灯片设计”命令，在屏幕右侧弹出“幻灯片设计”任务窗格，单击窗格下方的“浏览”按钮，打开“应用设计模板”对话框，打开“Presentation Designs”文件夹，选择对应的模板名，单击“应用”按钮即可。

步骤 7：选择“幻灯片放映”→“设置放映方式”命令，在弹出的“设置放映方式”对话框的“放映类型”中选择“观众自行浏览（窗口）”。

六、上网题

（1）IE 题

① 在“考试系统”中选择“答题”→“上网”→“Internet Explorer”命令，将 IE 浏

览器打开。

② 在IE浏览器的“地址栏”中输入网址“HTTP://NCRE/1JKS/INDEX.HTML”，按Enter键打开页面，从中单击“计算机考试”页面，再选择“NCRE证书能否得到了大家的认可?”，单击打开此页面。

③ 单击“文件”→“另存为”命令，弹出“保存网页”对话框，在“保存在”中定位到考生文件夹，在“文件名”中输入“ljswksl6”，在“保存类型”中选择“文本文件（*.txt）”，单击“保存”按钮完成操作。

（2）邮件题

① 在“考试系统”中选择“答题”→“上网”→“Outlook Express”命令，启动“Outlook Express”。

② 在Outlook Express工具栏上单击“创建邮件”按钮，弹出“新邮件”对话框。

③ 在“收件人”中输入“wangbin@163.com”；在“主题”中输入“论文”；在窗口中央空白的编辑区域内输入邮件的主体内容。

④ 选择“插入”→“文件附件”命令，弹出“插入附件”对话框，在考生文件夹下选择文件“lunwen.txt”，单击“附件”按钮返回“新邮件”对话框，单击“发送”按钮完成邮件发送。

参考文献

[1] 张赵管，李应勇. 计算机应用基础实训教程［M］. 天津：南开大学出版社，2014.

[2] 陈建莉，等. 计算机应用基础——Win 7＋Office 2010［M］. 成都：西南交通大学出版社，2014.

[3] 蒋宇航. 计算机应用基础（Win 7＋Office 2010）［M］. 广州：中山大学出版社，2013.

[4] 郑纬民. 计算机应用基础 Excel 2010 电子表格系统［M］. 北京：中央广播电视大学出版社，2012.

[5] 尹建新. 大学计算机基础案例教程——Win 7＋Office 2010［M］. 北京：电子工业出版社，2014.